长城

国家文化公园建设的
社会力量参与

CHANGCHENG
GUOJIA WENHUA GONGYUAN JIANSHE DE SHEHUI LILIANG CANYU

高春凤 著

 经济日报 出版社

北 京

图书在版编目（CIP）数据

长城国家文化公园建设的社会力量参与/高春凤著
. --北京：经济日报出版社，2024.8

ISBN 978-7-5196-1400-3

Ⅰ.①长… Ⅱ.①高… Ⅲ.①长城-国家公园-建设
-研究 Ⅳ.①S759.992

中国国家版本馆 CIP 数据核字（2023）第 256384 号

长城国家文化公园建设的社会力量参与
CHANGCHENG GUOJIA WENHUA GONGYUAN JIANSHE DE SHEHUI
LILIANG CANYU

高春凤　著

出　　版：经济日报出版社

地　　址：北京市西城区白纸坊东街 2 号院 6 号楼 710（邮编 100054）

经　　销：全国新华书店

印　　刷：北京建宏印刷有限公司

开　　本：710mm×1000mm　1/16

印　　张：15.5

字　　数：257 千字

版　　次：2024 年 8 月第 1 版

印　　次：2024 年 8 月第 1 次印刷

定　　价：62.00 元

本社网址：www.edpbook.com.cn，微信公众号：经济日报出版社
本社法律顾问：北京天驰君泰律师事务所，张杰律师　举报信箱：zhangjie@tiantailaw.com
举报电话：010-63567684
本书如有印装质量问题，请与本社总编室联系，联系电话：010-63567684

前　言

　　雄伟壮丽的万里长城，是人类历史上的建筑奇迹，是民族精神的重要象征，是中华文明的典型符号。建设长城国家文化公园，是提升中华文明影响力的重大文化工程，是保护传承中华优秀传统文化、革命文化和社会主义先进文化的空间载体，更是延续中华文化精神的重要举措。2019 年 12 月，中共中央办公厅、国务院办公厅印发《长城、大运河、长征国家文化公园建设方案》，标志着长城已经纳入国家文化公园建设体系。该体系以核心点段支撑、线性廊道牵引、区域连片整合、形象整体展示为原则，依托 2 万余千米长城线性遗产，辐射全国 15 个省、自治区、直辖市，是体现我国文化自信的宏大时空叙事，是增强中华文明传播力影响力的重大文化工程。

　　长城国家文化公园具有国家、文化和公园三重属性。国家代表着国家层面的顶层设计，体现着国家的意志；文化体现了公园的本质属性，彰显了情感关联及核心价值；公园则是其权属的表达和空间限定，拥有公共文化服务的功能。人民群众是长城国家文化公园建设的参与者和受益者，构建完善的社会力量参与机制，对于实现长城国家文化公园"共建、共享、共赢"的发展目标，具有重要的意义。2017 年 9 月，中共中央办公厅、国务院办公厅印发的《建立国家公园体制总体方案》提出"国家公园由国家确立并主导管理""建立健全政府、企业、社会组织和公众共同参与国家公园保护管理的长效机制，探索社会力量参与自然资源管理和生态保护的新模式""培养国家公园文化，传播国家公园理念，彰显国家公园价值"。

　　本书在社会力量参与长城保护的实践基础上，结合长城国家文化公园建设目标，以利益相关者理论和托马斯定理为分析依据，识别长城国家文化公园建设的社会力量类型。以典型社区调研方式，进入长城沿线城堡型村庄进行调研：对村民和游客采用问卷法和访谈法；对政府以及不同的管理部门、村两委、社会组织、专业力量、媒体等采取访谈法，收集相关资料并分析不同社会力量参与长城国家文化公园建设保护实施的现状、承担的角色功能、面临的困境等内容。本书采用文献分析法，借鉴国外国家公园公众参与的经验，探讨社会力量参与长城国家文化公园建设保护的实施路径以及实现共同参与的长效机制。主要研究的社会力量分为以下四大类型。

核心力量群体——长城沿线的村庄力量和长城保护的专业团队。长城国家文化公园作为历史文化景观区域，它的建设必然会对长城沿线村庄的基础设施、生态环境以及文化空间带来改变，村民以及村中经营者是重要的利益相关者，他们在长城国家文化公园建设和实施中获取发展的机会。在长城文化带和国家文化公园的规划建设背景下，长城从原来抢救性维修到研究保护性修缮的力度进一步加大，长城作为重要的历史文化遗产，其多元价值的挖掘和阐释、文物的活化利用以及长城精神的传承和弘扬，需要更多的专业团队加入。长城修缮和研究的各类型专业团队，是长城国家文化公园建设的核心专业力量。

重要参与力量——参与长城国家文化公园建设的各类社会组织。社会组织从捡拾长城周边的垃圾以延缓和规避生态环境恶化对长城的影响，到监督破坏长城的工程和游客行为，再到与社区、学校和专业力量合作开展各类研究、保护和宣传项目，为长城保护贡献力量。长城国家文化公园是比长城保护更广阔的空间场域，除了长城本体的保护、价值阐释，还承载更丰富更多元的区域乡村振兴和公共文化服务内涵，需要更多类型的社会组织参与。

次级参与力量——各类型的长城游客。游客在长城国家文化公园建设和实施中，既是服务的目标群体也是重要的参与群体。长城国家文化公园以满足社会公众文化需求、打造提升人民生活品质的文化体验空间为目标。因此，游客参与建设和实施的行为不仅意味着对长城国家文化公园的保护，他们的体验和需求建议，也是长城国家文化公园建设的重要一环。

一般力量——潜在的游客或其他社会成员。长城国家文化公园是国家层面的公共文化空间建设，每一个人都有参与的权利。在信息化迅速发展的时代，人们不一定现场参与和感知，可以通过多元途径关注和参与长城国家文化公园的建设。

长城国家文化公园作为一种公共文化空间，既是承载中华民族历史、情感、意义、符号等的文化记忆，又是人与人、人与空间多元互动的文化场所。长城国家文化公园建设是一项国家事业和国家规划，必将以丰硕的建设成果，主动服务于国家文化建设和文化发展大局，并赋予长城文化新价值、新内涵。相信不久的未来，一个传承中华文明的历史文化走廊、凝聚中国力量的共同精神家园、提升人民文化和生活品质的文化和旅游体验空间，必将以崭新的姿态呈现在世人面前。

谨以此书献给所有热爱长城的朋友！

高春凤

2023 年 12 月 18 日

目　录

第一章

绪　论

第一节　研究背景及问题提出

长城作为中国历史文化的重要象征之一，其保护工作一直备受关注。我国的长城保护工作始于 1952 年八达岭长城维修工程。1987 年，修复的八达岭长城与其他点段长城一起申报中国长城世界文化遗产，实行的是"建筑完整修复"理念。2005 年，国务院批准《长城保护工程（2005—2014 年）总体工作方案》，中央财政拨款，"以消除安全隐患"为主要目标。2006 年，《长城保护条例》颁布。2015—2016 年，部分地区长城保存现状和保护工程引发讨论。"绥中长城被抹平事件"引发长城应如何保护的大讨论。2016 年国家文物局发布《中国长城保护报告》。2017 年 6 月召开的山海关会议提出保护胜于维修、维修胜于修复、修复胜于重建的行业共识。长城作为历史文化建筑一直面临重要的修缮和保护难题：长城修建延续历史长、地理空间跨度大、材料工艺灵活多变、病害损伤严重、传统技艺队伍匮乏、科学实验研究不足、保护难度高，保护状况依然堪忧。2018 年，国家文物局、北京市文物局支持中国文物基金会、腾讯基金会启动北京箭扣长城维修工程。"最小干预、数据化技术、考古方法"介入长城保护。2019 年，国家文物局发布《长城保护总体规划》，第一次明确提出"长城是古建筑和古遗址两种形态并存、以古遗址遗存形态为主的文化遗产，并具有突出的文化景观特征"，强调古遗址形态保护的重要性。2023 年 12 月，国家文物局印发《关于进一步加强长城保护的通知》，提出进一步充分认识长城的独特作用和长城保护的重要意义、深入研究长城的历史文化价值和时代精神、秉持正确的保护理念、落实长城保护责任的刚性要求、强化长城保护管理及其周边区域建设开发管理、加强国家级长城重要点段保护展示等要求。而长城国家文化公园的建设启动更是以国家公园的管理运营模式，形成一批具有特定开放性空间的长城文化载体，将长城的保护和利用上升到新的高度。

长城国家文化公园的建设是深入贯彻落实习近平总书记系列重要指示精神的重大举措，是国家重大文化工程。为实现人与自然更好地和谐共生，2013 年，党的十八届三中全会首次提出建立国家公园体制，并逐步形成了生态保护第一、国家代表性、全民公益性的国家公园理念，构建了国家主导、央地共建的管理体制。截至 2023 年，我国各类国家公园共计 1200 个左右。2016 年 3 月，《中华人民共和国国民经济和社会发展第十三个五年规划纲要》将国家文化公园建设列为国家文化重大工程，提出构建以文化传承保护为主题的中国特色国家公园体制。2020 年 10 月，确定了长城、大运河、长征与黄河四大国家文化公园的全面建设布局。2021 年 8 月，北京市推进全国文化中心建设领导小组审议通过《长城国家文化公园（北京段）建设保护规划》（以下简称《建设保护规划》），推动长城国家文化公园高质量发展。《建设保护规划》涉及范围 4929.29 平方公里，墙体长度 520.77 公里，涵盖平谷区、密云区、怀柔区、延庆区、昌平区和门头沟区 6 个区的 42 个乡镇、785 个行政村，涉及该区域约 68 万名户籍人口。北京长城国家文化公园以"中国长城国家文化公园建设保护的先行区"和"服务首都及国家对外开放的文化金名片"为形象定位，以"漫步长城史卷的历史文化景观示范区"和"文化、生态、生活共融发展的典范区"为建设保护目标。《建设保护规划》明确了"一线、五区、多点"的整体空间布局，通过保护线、整合区、做亮点，展现北京长城历史文化景观，弘扬当代中华文化强国精神。由此可见，长城国家文化公园并不是一个常规的城市游憩公园，而是一处涉及历史文化遗产、林水生态环境、镇村居民生活、国际国内访客的公共性特定空间。《建设保护规划》围绕管控保护、主题展示、文旅融合、传统利用主体功能区；马兰路、古北口路、黄花路、居庸路、沿河城 5 大核心区域；中国长城博物馆改造提升等 10 大标志性项目进行布局建设。可见，长城国家文化公园实施任务艰巨、责任重大，并非单一部门、单一机构和单一主体所能完成，需要政府、市场、社会和公众等多元主体联合参与、通力合作、共同推动，才能既实现文化遗产的保护和传承，又实现其活化利用和服务为民的可持续发展目标。

作为文化遗产的主要受众和保护者，公众参与类型和参与度的提高对于长城国家文化公园建设保护的推进具有重要意义。

第一，社会力量是长城国家文化公园建设保护的重要组成部分，社会力量参与有助于增强公众对于长城文化的认同感和爱护意识。长城不仅是国家的文化象征，也是每个中国人心中的骄傲。社会力量参与长城国家文化公园的建设保护，可以让公众深入了解长城的历史、文化价值和自然风景，可以有效增强公众与长城的情感联系，从而培养对长城及国家的文化自豪感和认同感，增强对长城的保护意识。通过社会力量的参与，可以实现长城保护工作与公众利益的有机结合，形成长期合力，为长城的保护与传承提供更为坚实的社会基础。

第二，社会力量的参与可以促进长城文化的保护、传承和创新利用。在长城国家文化公园的建设保护过程中，社会力量的角色和功能是多元的，既可以是长城保护的专业力量，也可以是激发公众参与热情和参与保护的促进力量。社会力量的参与可以促进传统文化与现代价值观的结合，激发文化创意和创新，推动长城文化的传承与发展。社会力量的多元化视角和创新思维可以为保护工作提供新的思路和方法，丰富保护工作的内容和手段，推动长城保护工作的创新和进步。

第三，社会力量参与长城国家文化公园的建设保护能够推动地方文化旅游和特色生态产业，促进地方经济的发展。长城沿线的古城、古镇、古村和相关的文化遗址、遗迹都是长城国家文化公园的重要组成部分。社会力量参与长城国家文化公园的建设保护，可以提升长城旅游的品质和服务水平，吸引更多的游客前来观光和体验长城文化，可以促进乡村文化旅游业的发展，带动相关生态产业的繁荣，实现乡村振兴。

第四，社会力量参与也有利于推动社会公正和民主进程。社会力量参与能够促使政府和相关机构更加注重公众的需求和意见，使保护工作更加符合公众的期望，从而提高保护工作的可接受性和可持续性。通过社会力量参与实施决策过程，可以确保各方利益得到平衡，提高决策的合法性和可行性，加强公众的政治参与意识和公民素质。

第五，社会力量参与可以提高长城保护的透明度和公正性，减少不当行为的发生。社会力量参与可以促进信息的共享和公开，保证决策的公正性和透明度，防止腐败和不当行为的发生，有效保障了长城保护工作的合法性和正当性。

第六，社会力量参与可以加强社会主体的责任意识，形成更加和谐的文化遗产保护的社会氛围。社会力量参与可以有效激发公众的保护意识和责任感，促使每个人都主动参与到长城保护工作中，形成全社会对长城国家文化公园建设保护工作的关心和支持。

第二节　研究目的及研究意义

长城国家文化公园建设保护实施中社会力量参与的研究目的是在调研分析社会力量参与长城保护现状的基础上，继续探索多元力量参与长城国家文化公园建设的内容和方式、参与的角色和地位、参与实现的机制。通过研究社会力量参与长城国家文化公园的建设和实施，可以更好地推动长城国家文化公园的建设和可持续发展的实现，形成中华文化的重要标识，坚定文化自信；同时，社会力量参与长城国家文化公园的建设，有助于推动传统文化生态的合理保存，助力长城沿线乡村合理发展文化旅游、特色生态产业，进一步深化和提升长城文化的保护和传承能力，更好地传承和发展中华文化。

1. 研究的理论意义

长城国家文化公园的建设启动至今只有短短几年的时间，虽然对于长城文化的保护和传承有很多研究，但较多集中在长城本体保护的技术层面，在社会力量参与方面的研究不多，尤其是因为长城国家文化公园的建设还处于实践阶段，缺少深入充分的经验总结和理论研究。在已有关于公众参与国家公园的研究中，大多数研究结论显示：公众参与层次较浅，在参与度和有效性方面不够。而关于公众参与的影响因素和原因的深度探讨较少，缺少较为系统的理论层面研究。本研究通过对社会力量参与长城国家文化公园建设作用机制的思考，深入探讨历史文化遗产保护中多元力量参与的理论、参与的逻辑和参与规律，以丰富长城国家文化公园建设的理论体系，并为其他类型国家文化公园的相关政策制定和实践过程提供社会力量参与的理论支持。

2. 研究的实践意义

一是推动更多社会力量的参与。社会力量参与路径和机制的研究有助于促进公众对长城国家文化公园建设和实施的参与意识和积极性。通过引导和激发社会力量的参与，可以形成共同的保护意识和行动，提高公众对历史文化遗产保护和可持续发展的重视程度。二是拓展线性文化遗产保护和利用的资源。社会力量参与的研究可以帮助发掘和整合更多的保护资源，包括人力、物力、财力和技术等，丰富保护建设的渠道和方式，提供更多的资源支持。三是增强线性文化遗产的保护效果。社会力量的参与可以引入多样化的观点、经验和技术，促进创新和优化保护策略，提高保护工作的可持续性和适应性。四是促进中华优秀传统文化的传承。通过社会力量的参与，可以扩大国家文化公园的持久影响力和传播范围，提高公众对长城文化的认知和了解。五是推动国家文化公园的可持续发展。社会力量的参与可以提高长城国家文化公园的管理效能和运营效益，增强长城国家文化公园的文化生命力和自我发展能力，实现长期保护和管理的目标。

第三节　概念界定、理论基础及文献综述

一、概念界定

（一）公众参与

公众参与的概念最初源于古希腊时期城邦统治中人类民主思想的启蒙。在哲学层面，1972 年哲学家大卫·哈维在《社会公正与城市》中提出公众参与的重要性。在多元主义影响下，公众参与的理论由西方参与式的民主理论演变发展而来。在城市建设层面，1965 年公众参与规划委员会的报告中指的是公众对政策以及实施方案的参与，背后暗含的是决策者及被规划者之间的沟通互动形成良性的反馈系统。Cunningham 在 1972 年发表的《公民参与公共事务》中指出，市民参与决策过程是民主性的重要体现，核心是在没有官方权威职位的普通民众拥有执行相关社区事务权力，并提出一个"普通业余者"的概念，即指不具任何官职、财富、特殊资讯或其他正式权力的群体。[①] 根据1998 年欧洲38 国《奥尔胡斯公约》的内容，公众参与是指在民主社会人民

---

① 陈硕. 公众参与下的工业遗产保护性再利用［D］. 南京：南京大学，2019.

通过非暴力、合法的途径表达自己的目标和理想，进而影响公共决策。公众参与是指社会公众参与与自身相关的社会事务以及生活管理事项的安排、制定、处理、管理等过程，这要求政府与相关机构从封闭式、自上而下式的管理体制转变为交互式、自下而上式的公共事务处理模式，注重公众对相关事务的知情了解以及公众意见的交流反馈。①

（二）社会力量

社会力量是由美国古典社会学家沃德提出的术语，指鼓动社会中众多成员采取社会行动，使社会发生变化的力量。2013 年，国务院办公厅印发《关于政府向社会力量购买服务的指导意见》指出："承接政府购买服务的主体包括依法在民政部门登记成立或经国务院批准免予登记的社会组织，以及依法在工商管理或行业主管部门登记成立的企业、机构等社会力量。"② 一般来说，社会力量是指能够参与、作用于社会发展的基本单元，包括自然人、法人（社会组织、非政府组织、党群社团、非营利机构、企业等）。社会力量具有以下特征：一是非政府性，社会力量不包括政府及事业单位等公共部门；二是合法性，社会力量应当符合有关部门登记条件；三是自治性，即社会力量应具有处理自身事务以及独立承担民事责任的能力。③ 在社会政策领域，社会力量通常以更为直接和积极的角色参与到基层社会治理④、政府购买服务、政府与社会合作⑤等过程中，实践也表明，社会力量在权力来源、运行机制、组织形式等方面与政府都存有差异，相较于政府，它们在参与公共治理时可能获得更好效果。⑥ 在学术研究领域，社会力量经常被应用于多元主体参与社会治理、教育、公共文化服务等方面。本研究中所指的社会力量是指所有参与到长城国家文化公园建设的行动力量，包括社区及居民、社会组织、社会资本、各类型社会团队以及媒体等。

---

① 孙谦. 数据化时代历史街区保护公众参与及平台搭建研究 [D]. 武汉：华中科技大学，2016.

② 李舒薇. 协同治理视阈下乡村公共文化空间的治理研究 [D]. 武汉：华中师范大学，2020.

③ 吴正泓. 社会力量参与公共文化服务供给模式研究 [D]. 天津：天津大学，2018.

④ 唐皇凤，王豪. 可控的韧性治理：新时代基层治理现代化的模式选择 [J]. 探索与争鸣，2019（12）：53-62+158.

⑤ 李军鹏. 面向基本现代化的数字政府建设方略 [J]. 改革，2020（12）：16-27.

⑥ 何阳，林迪芬. 国家治理现代化视域下多中心治理的法内冲突与化解 [J]. 东北大学学报（社会科学版），2019，21（01）：73-81.

（三）国家公园

从历史起源上看，"国家公园"这一概念源于美国。1832 年，对于西进运动给自然环境带来的不良影响，美国艺术家 George Catlin 提出了由国家建立一个大型的自然保护地，保护其中的野生动植物，实现人与自然和谐相处的美好愿景。这一设想为国家公园的产生奠定了基础，即国家公园既强调保护自然环境，维持其原生状态，又强调为人民福祉和快乐的实现提供公共场所。世界自然保护联盟（IUCN）根据管理目标的不同，将国家公园在 IUCN 保护区管理分类体系中分属第 II 类，指"国家公园是把大面积的自然或接近自然的区域保护起来，以保护大范围的生态过程及其中包含的物种和生态系统特征，同时提供环境与文化兼容的精神享受、科学研究、自然教育、游憩和参观的机会"。我国许多学者在研究中也对国家公园做出了定义，即国家公园是指由国家批准设立并主导管理，边界清晰，以科学保护具有国家代表性的大面积自然生态系统为主要目的，实现自然资源科学保护和合理利用，并向公众提供与环境相容的科研、教育、游憩体验的特定陆地或海洋区域。[①]

（四）长城国家文化公园

2017 年 1 月，中共中央办公厅、国务院办公厅印发《关于实施中华优秀传统文化传承发展工程的意见》，提出规划建设一批国家文化公园，成为中华文化重要标识。[②] 2019 年 12 月，中共中央办公厅、国务院办公厅印发《长城、大运河、长征国家文化公园建设方案》，[③] 提出整合具有突出意义、重要影响、重大主题的文物和文化资源，实施公园化管理运营，实现保护传承利用、文化教育、公共服务、旅游观光、休闲娱乐、科学研究功能，形成具有特定开放空间的公共文化载体，集中打造中华文化重要标志。[④] 2021 年 8 月，

---

① 钟晟．文化共同体、文化认同与国家文化公园建设［J］．江汉论坛，2022（03）：139-144.

② 中共中央办公厅，国务院办公厅．中共中央办公厅 国务院办公厅印发《关于实施中华优秀传统文化传承发展工程的意见》．（2017-01-25）［2023-12-16］．https：//www. gov. cn/zhengce/2017-01/25/content_ 5163472. htm.

③ 中共中央办公厅，国务院办公厅．中共中央办公厅、国务院办公厅印发《长城、大运河、长征国家文化公园建设方案》．（2019-12-05）［2023-12-16］．https：//www. gov. cn/zhengce/2017-01/25/content_ 5163472. htm.

④ 新华社．探索新时代文物和文化资源保护传承利用新路——中央有关部门负责人就《长城、大运河、长征国家文化公园建设方案》答记者问．（2019-12-05）［2023-12-16］．http：//www. 81. cn/jfjbmap/content/1/2019-12/06/02/2019120602_ pclf. pdf.

为深入学习贯彻习近平总书记关于国家文化公园建设的重要指示精神，加快推进国家文化公园建设，国家文化公园建设工作领导小组印发《长城国家文化公园建设保护规划》《大运河国家文化公园建设保护规划》《长征国家文化公园建设保护规划》，要求各相关部门和沿线省份结合实际抓好贯彻落实。[①] 长城国家文化公园建设整合长城沿线 15 个省区市文物和文化资源，按照"核心点段支撑、线性廊道牵引、区域连片整合、形象整体展示"的原则构建总体空间格局，着力将长城国家文化公园打造为弘扬民族精神、传承中华文明的重要标志。[②]

二、理论基础

理论是对某一现象、问题或领域进行系统性、抽象化的思考和解释的框架或模型。它通过理性思考和研究，提供了对现实世界的一种解释和理解，以及对未来发展的预测和指导。社会力量参与长城国家文化公园的建设，需要思考三个方面的内容：一是长城国家文化公园的建设会对哪些群体产生影响？影响的内容和程度如何？二是作为国家文化公园，哪些力量与其相关联？关联的程度如何？已经参与长城保护的情况如何？三是如何激励公众的参与？使其成为长城国家文化公园建设的社会力量来源。基于以上思考，本研究选取利益相关者理论作为长城国家文化公园参与力量类型及作用的分析框架基础；公众参与的阶梯理论作为不同社会力量参与内容和参与方式的理论指导；马斯洛需求层次理论和激励理论为激发公众参与公共领域的活动并奉献力量提供解释理论。

（一）利益相关者理论

1. 理论起源

Merrian-Webster Collegiate 字典是最早记载"利益相关者"一词的工具书，它于 1708 年就收入了"利益相关者"词条，用来表示人们在某一项活动或某企业中"下注"，在活动进行或企业运营的过程中抽头或赔本。而利益相

---

① 新华社. 长城、大运河、长征国家文化公园建设保护规划出台 ［EB/OL］. ［2021-08-08］. https：//www.gov.cm/xinwen/2021-08/08/content_ 5630201. htm.

② 新华社. 长城、大运河、长征国家文化公园建设保护规划出台 ［EB/OL］. ［2021-08-08］. https：//www.gov.cn/xinwen/2021-08/08/centent_ 5630201. htm.

关者理论开始应用于管理中的早期思想可追溯至 20 世纪 30 年代，当时的 Dodd 指出："公司董事必须成为真正的受托人，他们不仅要代表股东的利益，而且要代表其他利益主体，如员工、消费者，特别是社区整体利益"。① 利益相关者理论是在 20 世纪 60 年代对美国、英国等奉行"股东至上"公司治理实践的质疑中逐步发展起来的，起源于企业伦理问题研究。斯坦福研究所（Stanford Research Institute，SRI）进一步将"利益相关者"这一术语定义为"利益相关者是那些失去其支持，企业就无法生存的个人或团体"。自 1979 年 Rosenow 和 Pulsipher 强调旅游目的地发展和管理需要"公众参与"之后，公众参与和利益相关者理论便逐渐结合起来。② 这一理论强调每个人都是独立的经济人，都在追求自身利益的最大化，从而促进整体社会经济的发展。③ 其中，最具代表性的定义是 Freeman 于 1984 年提出的：企业利益相关者是指那些能影响企业目标的实现或被企业目标的实现所影响的个人或群体。此后，利益相关者理论逐步应用到社会学、管理学等多个研究领域。④ 国外研究者将利益相关者理论引入旅游研究领域始于 20 世纪 90 年代，多关注于利益相关者理论在旅游规划和管理中的运用等问题，而国内在生态旅游利益相关者方面的研究目前也取得了一些研究成果。⑤

2. 理论解释

利益相关者理论研究初期是以企业为主要研究对象，既包括企业的股东、债权人、雇员、消费者、供应商等交易伙伴，也包括政府部门、本地居民、环保主义者等间接利益相关者，甚至还包括自然环境、人类后代等受到企业经营活动影响的直接或间接相关主体。相关利益主体界定的主要原则和目的是便于分析和解决问题。由于不同政策涉及不同利益主体，进行分析时需要根据不同目标进行相关主体识别，并将其划分为不同组别，以便于更深层次

① 程励. 生态旅游脆弱区利益相关者和谐发展研究 [D]. 成都：电子科技大学，2006.
② 唐晓云，吴忠军. 农村社区生态旅游开发的居民满意度及其影响——以广西桂林龙脊平安寨为例 [J]. 经济地理，2006（05）：879-883.
③ 张玉钧，徐亚丹，贾倩. 国家公园生态旅游利益相关者协作关系研究——以仙居国家公园公盂园区为例 [J]. 旅游科学，2017，31（03）：51-64+74.
④ 刘伟玮，李爽，付梦娣，任月恒，朱彦鹏，曹恒健. 基于利益相关者理论的国家公园协调机制研究 [J]. 生态经济，2019，35（12）：90-95+138.
⑤ 尹华光，陈丹. 生态旅游视角下景区居民利益诉求研究——以武陵源风景名胜区为例 [J]. 中南林业科技大学学报（社会科学版），2012，6（01）：18-21.

地分析研究，而划分详细程度根据分析需求确定。①

利益相关者理论是 20 世纪中后期在西方国家盛行的企业管理理论。利益相关者认为，公司是一种结合了多种利益相关者利益的组织。在这个组织中，涵盖了包括核心利益相关者股东、重要利益相关者公司员工及客户、一般利益相关者消费者等一切与公司生产经营业务相关联的利益相关者。利益相关者理论重新定义了公司股东与相关利益主体之间的关系，以利益相关者主体利益实现代替传统股东利益实现作为公司治理的首要目标，并充分考虑这些利益相关者参与公司治理的利益实现途径。② 利益相关者分析已经成为可持续发展领域甚为流行的分析工具，在理论应用方面，可以说已经远远超过了其在商业管理领域的应用，显然该理念的应用对于可持续发展问题及冲突管理研究有重要意义。③

3. 利益相关者理论在相关领域的应用

利益相关者理论从最初应用于企业研究逐步扩展到在国家公园领域的相关研究。国外旅游中的利益相关者研究内容主要按照两条主线条进行研究：其一是管理学中的利益相关者理论在旅游管理（包括旅游企业、旅游开发涉及社区）中的讨论，特别是旅游市场参与者之间的协作、联盟问题；其二是引入利益相关者理论和分析方法对旅游可持续发展进行讨论，涉及景区规划、社区参与、资源保护中的决策问题，主要针对某一个景区开发之前、之中、之后的战略部署与动态变化进行分析。④

国内关于国家公园的利益相关者是指直接或间接参与国家公园保护与利用活动，其行为影响国家公园保护的利益或利益受到国家公园保护利用影响的所有个体或群体。同时利用具体的分析工具进行利益相关者的识别，最终确定国家公园核心利益相关者为国家公园管理部门、地方政府、社区居民、特许经营者和访客 5 类利益主体。⑤ 在对多元利益相关者的功能研究方面，有

① 李艳慧. 基于利益相关者感知的自然保护区环境政策可持续性研究 [D]. 上海：上海师范大学，2016.

② 赵越鸿，张壮. 外部利益相关者视角下国家公园治理问题研究 [J]. 长春市委党校学报，2020（03）：30-34.

③ 程励. 生态旅游脆弱区利益相关者和谐发展研究 [D]. 成都：电子科技大学，2006.

④ 程励. 生态旅游脆弱区利益相关者和谐发展研究 [D]. 成都：电子科技大学，2006.

⑤ 刘伟玮，李爽，付梦娣，任月恒，朱彦鹏，曹恒健. 基于利益相关者理论的国家公园协调机制研究 [J]. 生态经济，2019，35（12）：90-95+138.

学者以武夷山生态系统为例，通过对多元利益相关者进行国家公园生态系统服务与功能认知研究，并深入社区针对不同生计类型人群考察关键利益相关者对国家公园管理与生计发展的需求。研究表明，不同利益相关者赋予武夷山生态系统不同意义，并体现在对国家公园功能的期待和对潜在规则的态度上。① 赵越鸿等将利益相关者理论引入国家公园治理体系中，提出参与国家公园治理行为并影响国家公园治理目标实现的个人或群体，以及在国家公园目标实现过程中受到影响的个人和群体即为利益相关者。为实现由管理型国家公园治理向服务型国家公园治理转变，形成"国家公园—社会"的多元治理格局，应充分调动社会力量融入国家公园治理体系中。与此同时，应加强社会力量的参与意识及自身建设，从而实现社会力量参与国家公园治理的最终目标。②

（二）公众参与阶梯理论

1. 理论起源

对于不同研究领域，梯度理论的含义也会有所差别。公众参与梯度理论又叫公众参与阶梯理论，在关注公众参与程度高低及不平衡现象的同时，注重按照参与深度，划分阶梯式的公众参与方式，从而提高公众参与效率。Sherry Arnstein 在 1969 年发表的《市民参与阶梯》一文中运用形象的比喻，把公众参与规划的程度比作一把梯子上不同的阶梯。她认为公众参与可以分为不同层次，参与程度也因此有所不同。Arnstein 认为公众参与的阶梯可以分为 3 个层次、8 种形式（即 8 个阶梯）。③ 该理论在公众参与的相关研究中具有重要价值，多年来已被多个国家和领域引用和延伸，其以广泛的适用性在公众参与相关问题的研究上发挥着重要作用。Arnstein 的"市民参与阶梯"理论，在当时以及现在来说都具有十分重要的思想和理论意义。他给人们直观地划分了公众参与的不同程度，具有一定的前瞻性，为人们建立了分阶梯认

① 何思源，苏杨，程红光，王蕾，闵庆文．国家公园利益相关者对生态系统价值认知的差异与管理对策——以武夷山国家公园体制试点区建设为例［J］．北京林业大学学报（社会科学版），2019，18（01）：93-102.

② 赵越鸿，张壮．外部利益相关者视角下国家公园治理问题研究［J］．长春市委党校学报，2020（03）：30-34.

③ 杨贵庆．试析当今美国城市规划的公众参与［J］．国外城市规划，2002（2）：2-5+33.

识公众参与的新方法，也是评价公众参与制度的尺度参考。① 康纳的参与阶梯理论则进一步认为，参与也是一个不断提升的过程，阶梯之间有前后递进的关系，并且注重以问题为导向，根据具体社会问题选择对应的参与阶梯，以此保证决策的民主性和科学性。② 安德鲁则对公众参与阶梯作了进一步简化，并从公众、发起者和第三方三个视角对公众参与的方法和层级进行了诠释。③ 科恩则进一步认为，应该从参与的广度和深度两个方面来衡量现代社会参与，特别是参与深度的扩展是今日社会发展所需要的。④

2. 理论解释

Sherry Arnstein 的"阶梯理论"将公众参与按参与程度分为三个层次共八个阶梯：第一层次包含操纵、治疗两个阶梯，属于无公众参与；第二层次为表面公众参与，包含告知、征询和劝解三个阶梯；第三层次为深度公众参与，包含合作、授权、公众控制三个阶梯。表面层次的公众参与在环境治理中主要体现为政府环境信息公开以及公民自发地对环境问题关注的行为。政府环境信息的充分公开，保障了公众的环境知情权，是公众参与环境治理的前提与基础。深度层次的公众参与为实质参与，在环境治理领域体现为在充分保障公众环境知情权的前提下，公民切实行使环境监督权、环境决策参与权等，主要包括环境信访、人大议案和政协提案两类公众参与方式。深度公众参与层次（六至八阶梯），选取公众环境来访批次、政协提案和人大议案总数来衡量普通公民和社会精英参与环境监督和决策的程度。⑤

3. 公众参与阶梯理论在相关领域的应用

公众参与阶梯理论在以下几个领域有一定的应用。首先，在档案专业人员继续教育领域的应用。马双双等认为公众参与阶梯理论在社会力量参与档案专业人员继续教育中亦具有较强的适用性：一是"公众参与阶梯理论"为

---

① 张哲，周艺. 系统观下的"阶梯理论"——城乡规划中公众参与特征解读 [J]. 华中建筑，2015, 33 (11)：22-25.

② 王晨旨. 螺旋式参与：参与阶梯视角下农民参与惠农政策执行的演进模式研究 [D]. 武汉：华中师范大学，2022.

③ 安德鲁·弗洛伊·阿克兰. 设计有效的公众参与 [M] // 蔡定剑. 公众参与：欧洲的制度和经验. 北京：法律出版社，2009：299.

④ 科恩. 论民主 [M]. 聂崇信，朱秀贤，译. 北京：商务印书馆，1988：7.

⑤ 陆安颉. 公众参与对环境治理效果的影响——基于阶梯理论的实证研究 [J]. 中国环境管理，2021, 13 (04)：119-127.

一些在决策过程中原本没有决策权力的群众提供参与的机会和发声的平台；二是以公众影响力、与政府的关系以及参与的手段和类型等为标准，参与程度也呈现由低到高、由浅入深的变化趋势；三是公众参与和社会力量参与的方式均包含授权、咨询、协商、意见反馈等途径。① 其次，该理论在城市规划领域的应用研究。城市规划公众参与中的"市民参与阶梯"理论，将公众参与城市规划的发展过程分为三个阶段。第一阶段是指政府机构通过教育、政策方针的引导，使公众相信他们的决策是正确的，从而被动地接受政府的决定。这一阶段其实不存在真正意义上的公众参与。第二阶段政府会主动公开一些信息让公众知晓，也会听取公众的相关意见，同时政府还会告知公众所享有的权利。在这一阶段，政府会适当地做出退让，而公众的意见和诉求表达会得到回应。第三阶段是城市规划中公众参与发展最为成熟的阶段，即公民可以与政府及其他利益主体进行谈判，利益和权利得到合理分配。李金菊认为公众可以参与到规划的编制、决策之中，成为规划名副其实的决策主体。在我国的城市规划中，公民参与应该是处于从第一阶段向第二阶段发展的位置，公众的参与还是有所限制的。② 最后，该理论在国家公园公众参与领域的应用。国家公园公众参与制度能够提高国家公园建设管理的正当性和合理性。一方面，公众广泛和深入地参与国家公园建设管理，能够实现国家公园"共有、共建、共享"的基本理念，体现国家公园所具有的全民公益性，进而提高国家公园建设管理的正当性。另一方面，由于国家公园涉及大面积自然生态系统保护，公众不仅可以发挥社会监督的功能，督促国家机关依法建设管理国家公园，而且也能发挥自身的主观能动性，助力国家公园建设，从而提高国家公园建设管理的合理性。③ 李红松等认为社区居民参与公园的开发、管理和保护，必须具备一定的参与能力。④ 为促进社区居民更广泛和更有效地参与，国家公园管理局和社区共管协会应从增进农村实用技术、语言技能、导游技能、营销技术、家庭旅游接待等各个方面对社区居民进行培训。通过这些培训，社区居民的参与能力可以获得大幅提升，从而不仅能提高他们的收

① 马双双，杨晴晴. 档案专业人员继续教育中社会力量参与模式探析——基于公众参与阶梯理论 [J]. 浙江档案，2022（01）：36-39+35.

② 李金菊. 公众参与城市规划的理论基础及问题完善 [J]. 现代经济信息，2017（12）：116.

③ 王彦凯. 国家公园公众参与制度研究 [D]. 贵阳：贵州大学，2019.

④ 李红松，张杰. 整体性视域下我国国家公园公众参与研究 [J]. 江南大学学报（人文社会科学版），2021，20（03）：73-81.

入，还能促进国家公园的管理和保护。另外，也有研究从整体性视域下思考国家公园的公众参与，一方面意味着公众参与的多元性和充分性，国家公园建设不仅要让各利益相关方都能参与进来，还要保证这种参与是有效的；另一方面则意味着推进国家公园整体建设是拓展国家公园公众参与的基础和条件，只有加快健全国家公园体制机制，不断完善国家公园建设的相关法律法规体系，拓展国家公园有效公众参与才能获得更为充分的保障。[①]

（三）马斯洛需求层次理论

1. 理论起源

马斯洛需求层次理论是人本主义科学的理论之一，由美国心理学家亚伯拉罕·马斯洛在 1943 年所发表的《人的动机理论》（*A Theory of Human Motivation*）中首次提出，是心理学中关于人类动机的经典理论之一。[②] 马斯洛需求层次论的基础是人本主义心理学，人的内在力量不同于动物的本能，人要求内在价值和内在潜能的实现乃是人的本性，人的行为是受意识支配的，人的行为是有目的性和创造性的。人本主义心理学，兴起于 20 世纪五六十年代的美国，由马斯洛创立，以罗杰斯为代表，强调人的正面本质和价值，被称为除行为学派和精神分析以外心理学上的"第三势力"。

2. 理论解释

马斯洛认为，人类具有一些先天需求，人的需求越是低级的需求就越基本，越与动物相似；越是高级的需求就越为人类所特有。同时这些需求都是按照先后顺序出现的，当一个人满足了较低的需求之后，才能出现较高级的需求，即需求层次。马斯洛的需求层次结构是心理学中的激励理论，包括人类需求的五级模型，通常被描绘成金字塔内的等级。从层次结构的底部向上，需求分别为：生理（食物和衣服），安全（工作保障），社交需要（友谊），尊重和自我实现。1943 年马斯洛指出，人们需要动力实现某些需要，有些需求优先于其他需求。

3. 需求理论在相关领域的应用

一些学者对马斯洛的需求层次理论在不同领域进行了有益的探索。Hofst-

---

① 李红松，张杰. 整体性视域下我国国家公园公众参与研究 [J]. 江南大学学报（人文社会科学版），2021，20（03）：73-81.

② Maslow. A Theory of Human Motivation [J]. Psychological Review，1943（50）：370-396.

ede（1984）通过对不同国家和文化中的价值观的研究，提出文化对马斯洛需求层次的影响，他发现文化因素对个体需求层次的认知和重要性有显著影响。① 在对自我实现层次的深入研究中，Amabile（1983）探讨了创造力与需求层次理论的关联，她认为自我实现需求的满足与创造性思维和行为密切相关。② 在组织心理学领域，Meyer 和 Herscovitch（2001）通过研究人们社交需求的满足与组织认同之间的关系，进一步证实了马斯洛理论在解释组织行为方面的实用性。③ 对于心理学视角下的需求满足，Deci 和 Ryan（2000）在他们的自我决定理论中，将马斯洛的需求层次理论与心理学中的动机理论相结合，强调了需求满足与个体动机和幸福感之间的关系。④ 在社会服务领域，Woodside 和 McClam（2011）认为马斯洛需求层次理论可以被广泛应用于理解和解决服务对象的问题，强调个体的需求层次有助于制订更有效的干预计划，提高服务对象的生活质量。在社会事业领域，赵文聘以马斯洛需求理论研究了社会事业的内容受社会需求多样性的影响，结果表明社会事业需要多元化的力量支持，不只是国家或政府责任，也不能单独靠社会力量，而社会事业主体对不同的社会事业项目的参与意愿和参与能力也是不同的。⑤ 也有研究以需求为导向探索多元主体协同型村庄规划模式，集合众人的力量，调动各方积极因素，并在不断地总结和反思中完善，分析地方政府、村委会、企业、村民、规划师等多元主体在村庄规划中的需求及其对应的规划参与行为，建立一个"发展需求—参与行为—协同机制"多元主体互动的稳定结构来持续性地推进村庄发展建设，明确建设与后期管理的空间界限和责任，最终让多元主体的不同层次需求在村庄规划编制和实施中得以实现，建立起长效的实施机制，提高村庄治理水平和人居环境质量，实现乡村振兴。⑥

---

① Hofstede. Culture's Consequences: International Differences in Work-Related Values [J]. Academy of Management Review, 1984（11）: 81-94.

② Amabile, T. M. The Social Psychology of Creativity: A Componential Conceptualization [J]. Journal of Personality and Social Psychology, 1983, 45（2）: 357-376.

③ Meyer, J. P. & Herscovitch, L. Commitment in the workplace: Toward a general model [J]. Human Resource Management Review, 2001, 11（3）: 299-326.

④ Deci, E. L. & Ryan, R. M. The "what" and "why" of goal pursuits: Human needs and the self-determination of behavior [J]. Psychological Inquiry, 2000, 11（4）: 227-268.

⑤ 赵文聘. 社会事业中的角色细分与功能组合 [J]. 学习与实践, 2020（02）: 87-95.

⑥ 王秋敏. 需求导向下多元主体协同型村庄规划模式研究——以崇左市保安村规划为例 [C] //中国城市规划学会, 成都市人民政府. 面向高质量发展的空间治理——2020 中国城市规划年会论文集（16 乡村规划）. 北京: 中国建筑工业出版社, 2021: 12.

何艳林在其文章中基于马斯洛需求层次理论分析归纳了村民对于乡村公共空间的需求要素，并在此基础上运用层次分析法建立了乡村公共空间满意度评价体系。评价体系以满足村民对乡村公共空间的需求为目标，设置了生理需求、安全需求等 5 项系统层指标，视觉需求、空间安全需求、公众参与需求等 17 项准则层指标以及良好的采光性、安全的设施、家乡归属感等 36 项指标层指标。依据各省村民对于公共空间的满意度评价结果，提出了提升乡村公共空间满意度的策略与建议：根据指标重要度和公共空间满意度两者之间的关系，对乡村公共空间建设和优化应采取差异化策略；基于村民的需求，完善公共设施确保空间质量、因地制宜分区规划、提倡公众参与提升公共空间的民主性、顺应公共空间需求的变迁拓展公共空间新功能、树立乡村的良好形象以提升公共空间满意度。①

（四）激励理论

1. 理论解释

激励理论是一种研究人们在工作和组织环境中是如何被激发、引导和维持其行为的理论框架。它探讨了个体是如何通过内在或外在的因素来调动其积极性、投入工作并实现组织目标的过程。激励理论为组织管理者提供了重要的工具，帮助他们理解和引导员工的行为，以创造一个积极、高效的工作环境。Vroom（1964）的期望理论提出，个体的行为受到其期望的影响，包括努力与绩效的期望、绩效与奖励的期望以及奖励的价值。② 这一理论强调了个体对于奖励的主观看法，对于组织激励策略的制定提供了指导。③ 著名管理学家、心理学家赫茨伯格提出的双因素理论，将工作中影响员工绩效的因素分为"激励"和"保健"两种。激励因素是指工作中的满足因素与工作本身和工作内容有关，包括工作中的成就和进步、对工作成绩的认可和赞赏、对工作内容的兴趣、对工作使命的认同感等；保健因素是指工作中的不满足因素与工作环境和工作关系有关，包括企业制度与管理方式、人际关系、薪资待

---

① 何艳林.基于马斯洛需求层次理论的乡村公共空间村民满意度提升策略研究 [D]. 河南农业大学，2020.

② Vroom, V. H. Work and Motivation [M]. New York：Wiley, 1964：397.

③ 孙耀君.西方管理学名著提要 [M]. 南昌：江西人民出版社，1995：136-157.

遇、工作环境与条件。[①] Locke 和 Latham（2002）提出目标设定理论，强调设定具体和有挑战性的目标对于提高个体绩效至关重要。他们认为明确的目标有助于个体集中注意力、激发努力，并提高绩效水平，从而直接影响激励效果。[②] Deci 和 Ryan（1985）的自主性理论强调了个体对于自主性的需求。他们认为给予个体更多的自主选择权和决策权，可以显著提高工作满意度和工作动机水平。[③] Adams（1965）的公平理论强调了个体对于其付出与收获之间的公平感的关注。根据学者的观点，个体通过比较自己的投入和产出与他人的情况来判断激励是否公平，从而影响其工作满意度和动机。[④] 以上文献共同构成了激励理论的核心概念，涵盖了对于个体行为激励的不同方面的理解。这些理论为组织管理者提供了指导，帮助他们设计和实施更有效的激励策略，以提高员工的工作动机、满意度和绩效水平。

2. 激励理论的应用

激励理论有较为广泛的应用领域，尤其是在企业管理中，完颜红兵等通过对案例的分析研究，强调了激励理论在员工激发、绩效管理和团队建设等方面的应用，为企业提供了有效的管理工具。[⑤] 肖凤翔总结了激励理论在员工培训过程中的应用，通过关注培训的目标设定和激励机制的设计，能够增强培训效果。[⑥] 王庆臣以激励理论为分析框架，在重视精神激励的前提下，强调物质激励的必要性。从国有企业科技创新人才的激励现状与问题入手，有针对性地提出了相应的激励对策。[⑦] 李晓蓉等对激励理论在项目管理中的应用进行了效果分析，结果表明在项目团队中，通过设定具体目标、提供适当奖励，

---

① 弗雷德里克·赫茨伯格，伯纳德·莫斯纳，巴巴拉·布洛赫·斯奈德曼. 赫茨伯格的双因素理论 [M]. 张湛，译. 北京：中国人民大学出版社，2016：7-13.

② Locke, E. A. & Latham, G. P. Building a practically useful theory of goal setting and task motivation：A 35-year odyssey [J]. American Psychologist, 2002, 57 (9)：705-717.

③ Deci, E. L. & Ryan, R. M. Intrinsic motivation and self-determination in human behavior [M]. New York：Plenum Press, 1985：23-43.

④ Adams, J. S. Inequity in social exchange. In L. Berkowitz (Ed.), Advances in Experimental Social Psychology [M]. New York：Academic Press, 1965：267-299.

⑤ 完颜红兵，侯峻，杨建梅. 国有企业科研核心人才激励管理研究 [J]. 企业改革与管理，2020 (03)：103-104.

⑥ 肖凤翔，张双志. 高管海外经历、员工技能培训与企业创新：来自中国微观企业数据的经验证据 [J]. 统计与决策，2020, 36 (18)：180-184.

⑦ 王庆臣. 国有企业科技创新人才激励问题研究 [J]. 管理观察，2018 (23)：23-24+27.

能够激发团队成员更好地完成任务。[①] 王媛研究了激励理论对科技人才创新团队的影响,提出以"物质+精神"双轮驱动构建精准化、多样化科技人才激励机制,全面激发科技创新内生动力。[②] 石长慧研究了激励理论在创新团队中的应用,指出通过激发团队成员的自我实现需求和提供创新奖励,可以促进团队创新能力的发挥。[③] 这些研究和实践案例充分展示了激励理论在不同领域的广泛应用,也为激励公众参与国家文化公园建设提供了有益的参考和指导。

三、文献综述

在知网上直接搜索社会力量参与国家文化公园建设的文献较少,大多聚焦在公众参与国家公园建设的相关研究。通过前文对公众参与和社会力量的概念界定,可以获悉所有社会力量参与公共文化服务,最终都要落实到公民参与上来。如果一个社会的公民没有公益心或公共精神,不愿意参与到公共活动之中,那么各种社会力量必然难以发展壮大起来。[④] 基于此,本研究以综述国内外公众参与国家公园和国家文化公园的相关研究为基础,为社会力量参与长城国家文化公园建设提供研究借鉴。

(一) 国内研究现状

1. 关于公众参与国家公园建设的研究

"参与"式建设和保护在国内外有着广泛的研究和应用。"参与"概念最早出现在 20 世纪 40 年代末期,通过社会成员比较深入的全方位行动参与,在尊重差异、平等协商基础上发挥其积极性和主动性。国家公园的性质在一定程度上决定了其"全民发展、全民共享"的特征。公众参与国家公园保护的必要性体现在能够保障公民环境权的实现,有效监督政府对国家公园的保护行为,促进立法和决策的民主化,平衡各种利益,优化管理手段,发挥民主决策、民主监督、提高公众满意度的作用,实现国家公园的全民共享。长

---

① 李晓蓉,周利民,蒋玉鹤. 国有企业科技人才激励现状及对策研究 [J]. 特区经济,2017 (08):104-106.

② 王媛,任嘉卉. 新时期有效促进国有企业科技创新的科技人才激励机制构建——基于同步激励理论视角 [J]. 科技管理研究,2023,43 (12):165-175.

③ 石长慧,张文霞. 完善激励机制,激发创新活力 [J]. 中国科技财富,2023 (03):18-20.

④ 吴理财,贾晓芬,刘磊. 以文化治理理念引导社会力量参与公共文化服务 [J]. 江西师范大学学报 (哲学社会科学版),2015,48 (06):85-91.

城国家文化公园建设和保护的公众参与由利益相关群体共同分析面临的问题，基于文物和文化资源以及可以利用的其他外来资源，确立建设、保护和实施的目标和活动，是一种以解决问题为导向的决策和行动过程。参与式协同合作有别于其他合作范式的突出特点是，更加强调社会力量参与的主体性和主动性、交互性，自下而上的工作形式，体现平等协商的伙伴关系，注重参与的过程而不仅仅是结果，强调参与者的责任意识和贡献力量，以行动为导向，实现利益相关群体的共同参与，是对自上而下政府管理方式的重要补充。随着社会经济不断发展，国家公园不仅重视严格保护区域内生物多样性及生态环境，更要求其在"以人为本"的基础上协调人与自然的关系。因此，汪佳颖在其研究中指出研究完善国家公园公众参与机制是未来国家公园发展的重要环节。①

我国现有国家公园试点文件中的公众参与侧重于动员公众参与国家公园建立过程中的资本输入以及建立后的日常管理等环节。杨兴岳等认为这种公众参与的规定形式有助于广泛调动广大公民建设、保护国家公园的积极性，及时预防、制止对国家公园环境产生不利影响的不文明甚至是违法行为。国家公园范围调整需要将公众参与引入行政决策程序机制，引导公众理性监督政府决策，限制政府随意决断。② 钟林生等指出公众参与的内容主要包括社会投资与捐赠、志愿者招募、科研合作与交流以及公众对国家公园管理的参与和知情。与之相对应的是公众参与机制构建应多途径协同发展，如法律制度的保障、多样化的参与渠道与沟通机制、基于多方参与的规划指导、针对特殊事项的公众参与技术规程等。③ 路然然在其文章中结合国外公众参与国家公园保护的制度经验提出从四个方面来完善公众参与：第一，拓宽参与主体的范围，包括社区居民、志愿者和环境保护组织等；第二，明确公众参与的事项，包括参与国家公园立法、推进环境教育和国家公园环境监测等；第三，规范参与的方式，包括规范国家公园官网公众参与专栏、规范巡护组织、规范公众协商方式；第四，建立包括知情权保障、财力保障、技能保障和法律

---

① 汪佳颖. 国家公园建设的公众参与机制研究 [J]. 绿色科技, 2020 (02)：237-240.
② 杨兴岳, 赵琪. 国家公园范围调整中的公众参与 [J]. 长春师范大学学报, 2020, 39 (07)：49-53.
③ 钟林生, 肖练练. 中国国家公园体制试点建设路径选择与研究议题 [J]. 资源科学, 2017, 39 (01)：1-10.

救济保障在内的保障机制。公众参与国家公园保护法律制度的完善，有利于我国国家公园保护与利用平衡发展的目标实现。① 国家文化公园所涉非遗项目中，地方政府可以在联合传播、市场合作、资源共享、信息整合、人才学术交流等方面进行合作，引导公众参与，形成有效的非遗协同保护机制。② 政府主管部门通过荣誉称号等精神性奖励方式表扬协同保护中做出重大贡献的社区、集体或个人，提升公众参与的积极性。③

2. 关于公众参与建筑遗产保护的研究

中国长城是世界纪念性建筑遗产，2002 年入选世界纪念性建筑遗产保护名录。因此，公众参与建筑遗产保护的相关研究也是借鉴的资料。我国历史遗产保护体系由文物保护体系、历史文化街区、历史文化名城三个层次组成，主要是由政府制定保护与更新政策，自上而下施行。其中文物保护由于具有很强的专业性和保护性，主要是政府部门主导，由具有专业知识的人士与机构负责文物的勘探、挖掘、整理与修缮工作，普通民众很难参与其中，主要是通过展览和讲解的方式去了解文物保护的工作流程以及文物的价值。

孙谦在其研究中指出我国的历史文化名城及历史文化街区保护条例中要求设计与规划成果需要通过群众公示和专家审查程序，而对历史街区保护规划制定与施行过程中公众如何参与、参与方式以及参与的阶段都未作出详细规定，这使得大部分历史街区保护规划与改造过程中的公众参与主要停留在告知与咨询层面。④ 肖莎等认为将公众参与引入建筑遗产的保护和利用中，才是真正尊重建筑遗产的保护方式，也是激活建筑遗产价值的根源所在。正如其在研究中提到，中国的建筑遗产保护已经形成了相当大的规模，取得了大量成果，但在公众参与方面仍面临许多问题，由于建筑遗产的公共属性和文化地域隔离，公众有时对遗产保护关注度并不高。与此同时，政府作为公共利益的代表，在经济发展导向的前提下，在俯视城市规划的视角下，容易忽视建筑遗产保护中至关重要的"原真性"和"整体性"。因此，促进公众参

---

① 路然然. 公众参与国家公园保护制度构建研究 [D]. 武汉：华中科技大学，2019.

② 蒋明智. "非遗"保护与粤港澳大湾区文化认同 [J]. 文化遗产，2021（03）：1.

③ 汪愉栋. 国家文化公园协同保护路径构建——以非物质文化遗产保护为视角 [J]. 河北科技大学学报（社会科学版），2022，22（01）：98-103+109.

④ 孙谦. 数据化时代历史街区保护公众参与及平台搭建研究 [D]. 武汉：华中科技大学，2016.

与建筑遗产保护，尤其是公众的团体性参与，是非常重要的。① 胡嘉佩等强调在建筑遗产保护中实质性的公众参与主要表现为四个特征：方案的设计与论证通过多方现场协调的方式完成；制订公开透明和责任明晰的融资方案，政府与民众共同投资完成；当地市民亲自参与社区升级改造，并互相监督互相促进；组建街区建设与管理监督小组实施自治，代表由公众自发推选。民众参与街区改造与管理的各个方面，实现实质性的参与。②

顾方哲在其研究中表示与建筑遗产保护内在动力紧密联系的是利益相关者。公众、社区组织和政府相关部门都是历史建筑遗产保护的利益相关者，三者之间是以获取利益为条件的合作关系。因此，成立独立的第三方民间组织，代表公共利益参与历史遗产保护，建立起第三方平台尤为必要。民间组织的介入可以为社区居民之间沟通提供平台，还可以运用专业知识开展活动，有利于社区的可持续发展。③ 隗佳等提出新媒体给信息传播方式带来变革，也同样给公众参与带来机遇，通过新媒体搭建一个可以展示和交流的平台，同时可以借助一些专家、明星等公众人物加入讨论中，扩大公众意见的影响，从而提升公众参与的效果。新媒体降低了公众参与的门槛，同时其多元化的参与方式可以调动民众参与的积极性。④

3. 关于公众参与长城文化传承的研究

我国关于公众参与长城文化传承的研究数量较少，且研究内容多以长城历史及长城的保护与修建见长，涉及文化传承及公众参与的部分还有些薄弱。邬东璠等在长城保护与利用的研究中提出，通过让公众参与规划及设计增进与遗产地接触、社区居民及游客参与遗产地的建设发展、将遗产地的保护及利用状况让公众知情、利用辅助机构组织公众参与性活动，实现公众参与，

① 肖莎，文剑钢. 公众参与视角下建筑遗产"原真性、整体性"保护研究——以无锡惠山古镇为例 [J]. 建筑与文化，2020（01）：98-99.

② 胡嘉佩，胡舒扬，高慧智. 从象征到实质：历史街区改造中的公众参与——以北京菊儿胡同与扬州文化里为例 [C] //中国城市规划学会. 城乡治理与规划改革——2014 中国城市规划年会论文集（11——规划实施与管理）. 北京：中国建筑工业出版社，2014：11.

③ 顾方哲. 公众参与、社区组织与建筑遗产保护：波士顿贝肯山历史街区的社区营造 [J]. 山东大学学报（哲学社会科学版），2018（03）：60-69.

④ 隗佳，王鹏，王伟. 新媒体介入公众参与历史街区保护的机制与对策 [C] //中国城市规划学会，贵阳市人民政府. 新常态：传承与变革——2015 中国城市规划年会论文集（11 规划实施与管理）. 北京：中国建筑工业出版社，2015：13.

增进遗产地活力并为遗产地带来宣传及资金募集的效益等方式。① 综合我国学者已有的一些观点，对公众参与长城文化传承的建议主要有以下6个方面。第一，长城国家文化公园的创建必须有统一的管理机制。第二，特许经营机制作为世界上绝大多数国家公园的运营机制，对于长城国家文化公园运营机制的建立有借鉴作用。第三，编制遗产保护规划和管理规划，对公园进行统一规划管理是十分有必要的。第四，构建多方参与机制（如各方合作机制）是各国普遍采用的策略。第五，拓宽资金渠道。国家要加大遗产保护资金的投入，设立财政专项资金，用于文化遗产的保护、开发、人才培训、紧急救援、宣传、咨询、考察、教育、交流等一系列活动。建立以政府为主体、社会广泛参与的多元化的投入机制。第六，在创建长城国家文化公园中完善相关的法律法案，构建法律体系。②

（二）国外研究现状

通过对国外文献的梳理，发现欧美国家的公众参与以民间组织和社团参与到历史文化遗产项目的评议过程中为主，而且不同社团还分别参与到改造项目的立项、方案评审以及具体保护设施的审查和研究中。二战之后随着城市重建和历史文化的重视，大量民间历史文化保护组织和团体在欧美出现，并逐渐得到政府官方认可，成为国家历史文化遗产保护的重要力量。公众参与历史文化遗产保护起源于民间志愿保护团体。美国最早出现了公民保护历史文化遗产的志愿团体。在美国的《国家环境政策法》中，公众参与机制具有重要的地位，通过这部法律，公众都能参与到国家公园的保护体系当中。杨振威等讨论了美国国家公园管理规划的公众参与制度的目标、原则、参与途径和主体等，对于美国国家公园的公众参与实施运作也做出了分析，给予我国国家公园保护建设一定的借鉴意义。③ 英国也成立了民间的专业保护组织参与到本国的文化遗产保护中。英国的国家公园土地大部分由私人所属，为保障公民权利，其管理机构施行严格的公众参与制度，各类型的开发规划从编制、公布、审批到诉讼的程序都规定了公众参与的内容，公众参与成为英

---

① 邹东瑶，杨锐. 长城保护与利用中的问题和对策研究 [J]. 中国园林，2008（05）：60-64.

② 白翠玲，武笑玺，牟丽君，李开霁. 长城国家文化公园（河北段）管理体制研究 [J]. 河北地质大学学报，2021，44（02）：127-134.

③ 张振威，杨锐. 美国国家公园管理规划的公众参与制度 [J]. 中国园林，2015，31（02）：23-27.

国规划法规体系的"骨架"。秦子薇等从 5 个方面总结了英国的经验，认为统一连续的法律支持体系是基本保障，特定的管理机构及制度体系、多元主体协作体系是组织实现基础，规范的参与程序是具体实施手段，平台与反馈机制则起到灵活调节作用，引导支持体系、组织实现体系、保障体系和评估体系的逐步完善共同推动着英国国家公园公众参与的有效实现。[①] 加拿大在制定和实行国家公园的相关政策时严格依照法律规定，重视公众参与。新西兰的独特之处在于没有走先污染后治理的道路，其国家公园生态保护的目的是保护与利用相结合，生态保护的核心基础是公众广泛参与的管理体制、绿色管理理念等。芬兰国家公园的管理模式相对集中，在国家公园参与式的规划过程中，通过公众参与进行利益相关者治理一直受到重视。日本主要以专家和本地居民合作的方式，并通过一些民间保护运动以及主题研讨会的组织，来提升民众对历史保护的参与意识和责任感，从而使居民参与其中。日本国家公园管理体制构建了一个公众参与、利益相关者达成共识的可操作机制，有效实现了国家公园的可持续化管理。赵凌冰指出日本国家公园管理机构为了充分发挥体制潜力，竭力充当利益相关者的协调者和自下而上决策模式的促进者。为了实现这一目标，日本国家公园管理机构采取了以下几个措施：确定公园管理的各种利益相关者和当地社区；弄清每个利益相关者的角色和责任；促进利益相关者在国家公园目标和远景上达成共识。通过这些措施，日本构建了超越地方行政区划、公众参与的国家公园管理体制。这也使日本国家公园管理机构有效应对了复杂的自然资源保护体制所带来的挑战，实现了日本国家公园和自然资源的可持续化管理。[②]

（三）研究评述

公众参与国家公园保护、建设和管理既是调节政府、市场失灵的理论需要，又是提高政府决策水平、提升社会公益水平、提升管理能力的实践需要，在各国高质量保护、建设及管理国家公园进程中发挥着举足轻重的作用。通过对已有文献的检索和查阅分析，发现西方国家关于"国家公园"和"公众

---

① 秦子薇，熊文琪，张玉钧. 英国国家公园公众参与机制建设经验及启示 [J]. 世界林业研究，2020，33（02）：95-100.

② 赵凌冰. 基于公众参与的日本国家公园管理体制研究 [J]. 现代日本经济，2019，38（03）：84-94.

参与"主题的研究历史较为悠久且研究内容较为丰富,而我国的相关研究起步较晚且研究内容相对还不够深入。

从国外的研究结果来看,国外国家公园非常重视公众参与体制机制的建立,认为这是促进公众参与的重要前提,并且充分发挥社会团体和专业组织的作用,提升民众的参与意识和责任感。当前我国无论是关于公众参与国家公园建设还是公众参与建筑遗产保护的研究都表明,我国的公众参与还停留在"自上而下"的施行阶段。这意味着政府与相关机构需要从封闭式、自上而下式的管理体制转变为交互式的、自下而上和自上而下相结合的公共事务治理模式。近年来,以我国国家公园为例的研究逐步涌现,如以三江源国家公园为例的研究、以大熊猫国家公园为例的研究、以长城(河北段)为例的研究等。通过对已有文献的梳理与整合,不难发现目前我国公众参与国家公园存在参与主体单一化、政府信息公开不明确、公民自身参与意愿较低、公众参与缺乏反馈等问题。我国在公众参与国家文化公园建设层面还有较大的研究与提升空间,但是由于我国国家体制与西方国家普遍存在差异,因此西方国家的经验值得我们借鉴但不能简单照搬,我们仍然需要不断地探索中国公众参与国家公园建设的特色之路,尤其是因为国家文化公园建设又是中国在国家公园、国家历史(遗址)公园等模式之外,首创的一种"中国范式"。在关于长城国家文化公园建设保护实施中的公众参与研究中更要结合长城文化特色、长城属地的地方文化特点等进行调研与探索,使更多社会力量实现从"象征性参与"到"实质性参与"的重要转变,提升公众参与的效果,构建适合长城国家文化公园建设保护实施的社会力量参与的有效方案,为国家文化公园的建设实施以及可持续发展提供参考。

第四节 研究方法

本课题采用实地调查研究方式,进入不同的场域,围绕社会力量参与长城国家文化公园建设问题对不同层级管理部门、不同类别社会机构、社会组织和各类型群体进行调研。通过问卷调查、文献研究、个案访谈、小组座谈会等社会学调研方法和实地勘探调研方式收集相关资料进行研究分析。

一、资料收集方法

1. 问卷法

本研究采用问卷调研的群体有两类——样本村庄的村民和游客群体。长城国家文化公园（北京段）建设总长 500 公里，当前北京区域范围内共涉及 100 个村庄，其中城堡型村庄 90 个。按照长城国家文化公园规划中"保护管控、主题展示、文旅融合、传统利用" 4 类主体功能区的要求设定，对长城国家文化公园场域内重点段位和村庄类型进行分析研判，并从城堡型村庄中选取 4 个典型样本村进行村庄参与基础的实地调研。此次村庄内村民调研，由村委会成员带领调研团队进入农户，以一对一问谈的方式共完成村民问卷 206 份，全部为有效问卷，其中石峡村 60 份、慕田峪村 65 份、北沟村 81 份（沿河城村民以访谈为主）。问卷内容涉及村民基本信息、长城文化保护参与现状、路径、需求和参与问题等。调研期间正值 2020 年的秋冬防火季节和新冠疫情防控时期，村庄明确禁止游客上山，长城景区的游客较少。因此，面向游客的问卷主要是以问卷星的形式，以滚雪球非概论抽样的调查方法，通过熟人找熟人的方式完成线上游客问卷 145 份。此外，调研期间在北沟村和慕田峪村遇到少量游客，共完成线下问卷 20 份。关于游客的调研线上线下共计完成有效问卷 165 份。

2. 访谈法

访谈的部门和群体：相关中央和国家机关（文化和旅游部、国家文物局等）、乡镇政府、社会组织（如长城小站）、企业（如石峡村石光长城）、专业团队（长城文化研究院、古建筑保护团队）、村庄管理者、村内不同类别群体（民宿户、长城保护员）、游客、媒体、施工团队等。在乡镇政府组织层面的调研是按照镇域层面所管辖的村落数量，在地理空间位置上分出城堡型村庄（近长城地段）、中间地段（不能直接看到长城但是邻近长城）、远长城地段（基本与长城没有关联），分析这些村庄在长城国家文化公园建设的位置、能够发挥的功能以及参与长城保护的现状及面临的困境。长城小站是较早参与长城保护的社会组织团队，通过访谈小站创始人，了解小站创建之初不同阶段在长城保护过程中所经历的事件、参与保护的内容、承办的各项活动，并以叙事的方式进行文本资料收集，分析长城小站在长城保护和文化传承方面所做的努力，以及面临的困难。基于研究问题导向的需要，在城堡型村落中，选取典型社会资本（相对成熟并发展良好的社会企业管理者）进行深度访谈，围绕在文旅融合的背景下，进入村庄—适应村庄—融入村庄发展的进程中，在长城文化挖掘、保护和利用方面所做出的努力，以及在未来长城国家文化公园建设中的参与方式等内容进行访谈。

3. 典型调查

本研究基于长城国家文化公园（北京段）建设的重点段位，在北京延庆区八达岭镇石峡村、怀柔区渤海镇慕田峪村和北沟村、门头沟区斋堂镇沿河城村、古北口镇等乡镇和村落进行相关资料收集。通过村庄快速评估、村史资料收集等方式，调研村庄的基本信息（包括人口构成、产业形态、收入情况）并分析村庄特色文化资源，了解长城保护和传承方面的参与现状和村庄发展面临的问题。同时，实地走访勘探村庄地理位置、长城的地理空间布局、村域范围内长城资源、特色文化资源、道路机理、历史建筑、居民住房和居住空间环境、村民文化活动情况等。城堡型村庄在长城国家文化公园建设和实施中作为重要的空间构成部分，其村庄生产生活与长城遗产保护和文化传承共生，助力地方社会文化与经济发展。作为典型调研的样本村庄，分析研判多元社会力量在长城国家文化公园建设中承担的角色和功能，为长城国家文化公园建设提供可以借鉴的参考。在实地调研时，也对远离长城的村庄进行过实地走访，但参与表现较少，因此本研究较少分析此类村庄。

4. 文献研究法

本研究通过对国内外关于国家公园以及长城文化的史实资料进行收集和整理，尤其是对公众参与的相关研究进行分析，建立研究框架和理论分析模式。通过调研和整理中国本土化的实践经验，在基于公众参与的相关理论基础上，分析长城国家文化公园社会力量参与的内容、途径、动力等系统机制。

二、资料分析方法

对收集的问卷、访谈和文献资料采用定量和定性两种分析方法：

1. 定量分析

本研究运用 SPSS 软件分析工具，对回收的有效调查问卷进行统计分析，从样本数据的基本统计特征，量化反映村民和游客对长城保护的认知和参与情况，了解村民和游客对长城国家文化公园建设实施的态度、参与现状和需求等，从而研讨可操作化的有效参与路径和机制。

2. 定性分析

对文献和访谈资料进行整理、归纳和分析，注重规律归纳和演绎运用。长城国家文化公园的建设和实施是一个系统工程，涉及多专业、多学科、多主体的参与，要在长城本体保护、长城文化传承优先的基础上，挖掘、整合、活化利用文物和文化资源，将长城与周边村庄优势资源有机融合，让长城保护和文化传承在乡村振兴中发挥更大的作用，为社会大众带来民族文化认同感和文化自信，为长城国家文化公园辖区内的村民带来发展的机遇。因此，在研究过程中，通过查阅历史资料、文献记载等，从图书馆书籍、学术期刊、统计年鉴、媒体发布的文章、村庄的书面文字资料、村民撰写的文字资料、网络文字和视频等各类资源收集相关信息，并进行资料编码和文本的深入分析。

第五节　研究社区概述

一、石峡村基本情况

石峡村位于北京市延庆区八达岭镇西南部，西接河北省怀来县陈家堡，紧邻八达岭长城风景区，位于残长城、石峡关长城脚下，长城原始风貌保存完整，全村总占地面积 1.1 万亩，其中山地面积约 8000 亩，荒地面积约 2500亩，耕地面积约 500 亩。村域内森林覆盖率为 90%，主要树种为椴木、桦木、松柏及山棘灌木。全村人口共计 65 户、157 人。该村先后获得北京市卫生村、延庆区平安村等荣誉称号。石峡村始建于明万历年间，是进京的重要通道，有重兵把守，于隆庆二年设守备。该村历史悠久、遗迹众多，有察查公馆遗址、古堡城墙遗存、古堡城门基石、土长城、砖长城等遗址。石峡村内流传着相当多的民间故事，如"软枣""赶石鞭""卸甲坡""将军石"等，且都能在村内找到相应的设施和遗存。村民对长城有着深厚的感情，对村庄历史和长城故事非常熟悉。由于临近河北，不少村民会用唱河北梆子的方式来讲述当年石峡村发生的奇闻逸事。除了拥有丰富的长城遗存外，石峡村还有很多其他物质和非物质文化遗产，如村子北口的古井、古校场等遗迹，诸多关于古井、关帝庙、校场、乌龟石等传说，描写闯王破关的《三疑记》等河北梆子剧目也在村中广为流传，国家级非物质文化遗产"八达岭长城传说"也有石峡段长城的故事。这些丰富的文化遗产正在被逐步发掘，并融入村落民宿和乡村旅游。现在到石峡村可以体验到"水煮杏仁油""黄芩茶制作""酸浆豆腐""剪纸""葫芦雕刻""花生油压榨""古法造纸"等非遗民俗。石峡村近年来不但不断发展民宿，而且已经开始向突出长城文化、具有文化品质的精品民宿转型，村中随处可见长城文化宣传展板，并设置了乡情村史陈列室，不仅向游客静态展示了村庄的历史、关堡文化、民俗文化，还利用陈列室的闲置空间组织了多样的民间技艺体验活动，使来到村里的人能够切实感受到石峡村长城文化。另外"将军守关"演艺活动、长城脚下过大年活动、长城文化宣讲队的建立等都为游客带来了不一样的长城体验。

二、慕田峪村基本情况

北京市怀柔区渤海镇慕田峪长城现为长城世界文化遗产地之一，是我国明代留存长城的重点精华段落之一，保存完整且具有典型性，素有"万里长城慕田峪独秀"的美誉。慕田峪长城全长 5400 米，向西连接居庸关长城，向东延伸至古北口，目前开放段落约 3000 米，南起大角楼，北至二十楼。此外，慕田峪长城还有正关台三座空心敌楼并立的设计以及箭扣、牛角边等独特景观。慕田峪村是调研村中唯一内嵌于景区场域内的村庄。慕田峪村共计 188 户、405 人。村内生态环境优美，山场广阔，果品丰富，自然景观众多。慕田峪村内历史文化遗产极其丰富，最重要的是长城相关文化资源和山林文化。据史料记载，辽金元时期，慕田峪一带设置过军屯和民屯，但都属于军事戍守性质，因而不能称其为村庄。明初至嘉靖年间，大榛峪东至慕田峪 7 个关口内分散着 200 个军屯户，其中慕田峪沟谷内驻有 20 多户。这些屯户在明代文献中被称为"老军"，这些老军户都是元末明初屯户的后代，他们的聚落地是慕田峪村的雏形。明嘉靖十二年，朝廷在慕田峪增设驻军屯 50 户，每户分到了用以耕、牧、盖房的土地山场。至此，加上 20 余户老军，慕田峪山谷已有 70 多个屯户的聚落，并形成了稳定的军政管理。此后，慕田峪的军屯户逐渐过渡为当地的民居户。

三、北沟村基本情况

北沟村位于北京市怀柔区渤海镇西北山区，距镇政府所在地 7 公里，东南距怀柔新城约 14 公里，距北京中心城区约 80 公里。北沟村地处半山区，村域范围内有 9000 亩的山地资源，村民以种植板栗为主，是村庄的支柱产业，户均 70 亩的种植面积。北沟村距离慕田峪长城景区仅 0.9 公里，从村庄登山亦可以直接抵达长城边，辖区内也设置了长城保护员，对村域内长城及周边环境进行保护。北沟村紧邻慕田峪、辛营和田仙峪三个村庄。由于每个村庄都有一定的外籍人士定居，并在村庄经营民宿及其他产业，因此共同构成"长城国际文化村"，成为与世界进行长城文化交流的重要窗口。北沟村常住村民总户数 136 户，包含 15 户外籍住户，分别来自法国、美国、加拿大等国家。人口总数 238 人，党员 34 名，男性 115 人，女性 123 人，均为汉族（2020 年村庄调研数据资料）。北沟村村域面积为 3.22 平方公里，村庄面积 8 公顷。

四、沿河城村基本情况

沿河城村是北京市门头沟区斋堂镇的下辖村，距离门头沟区政府西北方向 35 公里，距离斋堂镇政府 15 公里，地处京西北崇山峻岭的大峡谷中，位于刘家峪沟和永定河的交汇处，后经发展由军事重地演化为了聚落，并逐渐发展成今天的沿河城村。2014 年 11 月，沿河城村被国家确定为第三批中国传统村落，又在 2018 年 3 月被确定为北京市首批市级传统村落。据《门头沟地名志》载，沿河城地区自新石器时代即有人居住，后据当地地理形状，命名为三岔村，又因扼守着几道山口水口，被称作为"三汊沿河水口"，简称沿河口。明嘉靖三十三年（1554 年）设守备，万历六年（1578 年）建城堡，始称沿河城。明万历十九年（1591 年），山西提刑按察司副使冯子履撰写《沿河口修城记》记载了建城的缘由。[①] 沿河城村庄选址严格遵守明代军事堡垒选址特点，地处高山陡坡区域，为了加强防御功能，借助险要地形在沿河城村北部山脊上修建长城城墙和敌台，与南侧修建的烽火台和沿河城池相连接，形

---

① 薛林平. 北京传统村落 [M]. 北京：中国建筑工业出版社，2015：73-81.

成了半圆形的封闭结构。古城的建设选址体现了古人的智慧，古城建在永定河畔，不仅凭借了天然地势，更能增加军事城堡的防御能力，据《四镇三关志》载："东自紫荆关沿河口，连昌镇镇边城界，西抵故关鹿路口，接山西平定州界，延袤七百八十里。"沿河城村按照"一道穿一关一堡"的格局，村内修有一条前街，随永定河向东西延伸。沿河城村前街总长度约为650米，城内长约430米，宽度在3—5米，村内建筑发展均按照前街走向呈带状分布，人居空间密集狭长。沿河城村全村域范围为81.2平方公里，共有院落268个，其中10个为非居住性质和尺度较大的公共建筑，全国重点文物保护单位有1处，第三次全国文物普查不可移动文物有8处。传统建筑约为4924平方米，占建筑总规模的15%，分布在村落各方位角落。村庄周围有革命烈士纪念碑、黄草梁景区、沿字敌台等，村内有古戏台、古碾房、古槐树、邮局等遗迹景观，其中最为重要的是明长城。全村被城墙和城堡围绕，呈固若金汤之势，其防御的特性使其选择村落形态时，尽量减少边界的长度以便于城墙环绕，因此整个村落呈现出防御性集中式的布局，村落向北侧永定河畔和西侧发展，整体空间格局并没有严谨的几何特征，村落内地形变化比较平缓，房屋排列沿平行于等高线的方向布置。① 主要街道为两条东西走向的前街和后街，有南北走向的三条次巷道与前、后街相接，自西向东分别称作白家胡同、李家胡同和林家胡同。先有军事用的城堡后有村的形式，使沿河城村成了一个杂姓聚居的村落，村内大部分的村民都是军户人家后代，明朝时期南兵北戍使得村内将近有20种姓氏，其中以索、王、李、魏、师五个姓氏最为集中。②

---

① 门头沟区地名志编辑委员会. 北京市门头沟区地名志 [M]. 北京：北京出版社，1993：153-161.

② 北京门头沟村落文化志编委会. 北京门头沟村落文化志（二）[M]. 北京：北京燕山出版社，2008：724+727-738.

第六节 调研对象的人口学特征

一、调研对象（村民）的人口学特征

1. 调研对象性别构成

此次被调研村民的性别分布为：男性 97 名，占调研总数的 47.1%；女性 109 名，占调研总数的 52.9%（见表 1-1）。被调查者中女性所占的比例较大。

表 1-1 调研对象的性别分布

		频率	百分比（%）	有效百分比（%）	累计百分比（%）
性别	男	97	47.1	47.1	47.1
	女	109	52.9	52.9	100
	总计	206	100	100	

2. 调研对象年龄构成

调研对象年龄分布涉及各个年龄段，其中小于 18 岁的有 3 人，占调研人数的 1.46%；18—30 岁的有 18 人，占调研人数的 8.74%；31—45 岁的有 30 人，占调研人数的 14.56%；46—60 岁的有 78 人，占调研人数的 37.86%；61 岁及以上的有 77 人，占调研人数的 37.38%（见表 1-2）。由此可见被调查者主要集中在 46—60 岁，其次是大于 61 岁的村民。这与村庄的人员构成现状有关：长城沿线村庄大多地处山区，青壮年劳动力都选择外出打工，留守村庄的基本为中老年人、妇女等。

表1-2 调研对象的年龄分布

		频率	百分比（%）	有效百分比（%）	累计百分比（%）
年龄	小于18岁	3	1.46	1.46	1.46
	18—30岁	18	8.74	8.74	10.2
	31—45岁	30	14.56	14.56	24.76
	46—60岁	78	37.86	37.86	62.62
	大于60岁	77	37.38	37.38	100
	总计	206	100	100	

3. 调研对象文化程度构成

在接受调研的村民中，文化程度在初中及以下的最多，有113人，占54.9%；其次是高中学历的有36人，占17.5%；大专及本科学历的有34人，占16.5%；没有读过书的有18人，占8.7%；研究生及以上学历的最少，有5人，占2.4%（见表1-3）。

表1-3 调研对象的文化程度分布

		频率	百分比（%）	有效百分比（%）	累计百分比（%）
文化程度	没有读书	18	8.7	8.7	8.7
	初中及以下	113	54.9	54.9	63.6
	高中（包括中专、职校）	36	17.5	17.5	81.1
	大专及本科	34	16.5	16.5	97.6
	研究生及以上	5	2.4	2.4	100
	总计	206	100	100	

4. 调研对象居住年限构成

在所居住村庄居住了5年及以下和居住6—10年的分别有11人，分别占5.3%；居住11—20年的有15人，占7.3%；已经居住21—40年的有57人，占27.7%，而在村庄居住了40年以上的村民最多，达112人，占54.4%（见表1-4）。

表 1-4　调研对象的居住年限分布

		频率	百分比 （%）	有效百分比 （%）	累计百分比 （%）
居住年限	5年及以下	11	5.3	5.3	5.3
	6—10年	11	5.3	5.3	10.7
	11—20年	15	7.3	7.3	18
	21—40年	57	27.7	27.7	45.6
	40年以上	112	54.4	54.4	100
	总计	206	100	100	

5. 调研对象家庭年收入情况

调查对象的家庭年收入存在差异，家庭年收入在 2 万元以下的共 54 人，占调研总人数的 26.2%；2 万—4 万元区间的共 57 人，占调研总人数的 27.7%；4 万—6 万元区间人数最少，共 15 人，占调研总人数的 7.3%；6 万—8 万元区间的共 34 人，占调研总人数的 16.5%；8 万元及以上区间的共 46 人，占调研总人数的 22.3%（见表 1-5）。

表 1-5　调研对象家庭年收入分布

		频率	百分比 （%）	有效百分比 （%）	累计百分比 （%）
年收入	2万元以下	54	26.2	26.2	26.2
	2万—4万元	57	27.7	27.7	53.9
	4万—6万元	15	7.3	7.3	61.2
	6万—8万元	34	16.5	16.5	77.7
	8万元及以上	46	22.3	22.3	100
	总计	206	100	100	

6. 调研对象家庭主要收入来源

调研对象的家庭主要收入来源较为分散（见表 1-6），依靠畜牧养殖为家庭收入主要来源的最少，有 1 人，占比 0.5%；以经济作物为家庭收入主要来源的次之，有 8 人，占比 3.9%；选择其他的被调查者（主要依靠子女给予经济支持）和选择外出打工来获取家庭收入的均有 26 人，分别占比为 12.6%；

收入主要来源为农业种植的占比最多，为 26.7%，共计 55 人；占比排第二位的家庭主要收入来源是从事民俗旅游，有 34 人，占比 16.5%；占比排第三位的家庭主要收入来源是从事个体生意，有 29 人，占比 14.1%；以退休金为收入来源的有 27 人，占比 13.1%。

表 1-6　调研对象家庭主要收入来源分布

		频率	百分比（%）	有效百分比（%）	累计百分比（%）
主要来源	农业种植	55	26.7	26.7	26.7
	畜牧养殖	1	0.5	0.5	27.2
	民俗旅游	34	16.5	16.5	43.7
	经济作物	8	3.9	3.9	47.6
	退休金	27	13.1	13.1	60.7
	外出打工	26	12.6	12.6	73.3
	个体生意	29	14.1	14.1	87.4
	其他	26	12.6	12.6	100
	总计	206	100	100	

7. 调研对象中民宿户的比例构成

在本次接受调研的村民中，有 84 人的家庭属于民宿户家庭，占调研总人数的 40.8%，有 122 人是非民俗户，占调研总人数的 59.2%（见表 1-7）。此次问卷调研的三个村庄在民宿旅游开发方面存在差别。石峡村虽然紧邻长城，特色文化明显，资源丰富，但由于此段长城还没有开发成风景旅游区，未能完全对外开放，所以村庄的民宿户相比于另外两个村庄较少。但村庄有外来资本进驻开创的"长城石光高端精品民宿"，表现较为突出。虽然本村庄民宿户家庭有 20 户左右，但是一直坚持经营的农户只有七八户。慕田峪村在慕田峪旅游风景区内，基于慕田峪长城的国际声望，村内所有的农户都有民宿经营许可证，开办民宿的家庭比较多，没有开办民宿的家庭基本是因为受到家庭空间限制或者劳动力不足，但也在从事商品经营项目。也有外籍人士落户村庄，修建了具有国际化理念的民宿，村民也纷纷仿效，建设非常有特色的民宿。北沟村与慕田峪村距离较近，在慕田峪村的影响下，加上其他外来资本的进驻，村庄内修建了规模较大的精品酒店和艺术展馆，也有部分农户经营民宿，但相比慕田峪村要少。因此，慕田峪村接受此次调研的民宿户多于非民宿户（见表1-8）。

表1-7　调研村民民宿户和非民宿户的比例构成

		频率	百分比（%）	有效百分比（%）	累计百分比（%）
民俗户	是	84	40.8	40.8	40.8
	不是	122	59.2	59.2	100
	总计	206	100	100	

表1-8　三个村庄民宿户和非民宿户的占比

			您家是否为民宿户		总计
			是	不是	
所在村庄	石峡村	计数	14	46	60
		占村庄的百分比	23.3%	76.7%	
	北沟村	计数	28	53	81
		占村庄的百分比	34.6%	65.4%	
	慕田峪村	计数	42	23	65
		占村庄的百分比	64.6%	35.4%	
总计		计数	84	122	206

二、调研对象（游客）的特征

1. 游客的性别分布

参与问卷填写的游客性别分布为：男性59人，占调研总人数的35.8%；女性106人，占调研总人数的64.2%（见表1-9）。

表 1-9　参与调研的游客性别分布

		频率	百分比（%）	有效百分比（%）	累计百分比（%）
性别	男	59	35.8	35.8	35.8
	女	106	64.2	64.2	100
	总计	165	100	100	

2. 游客的户籍分布

参与调研的游客大多为京籍，共 119 人，占调研总数的 72.1%。非京籍 46 人，占调研总数的 27.9%（见表 1-10）。

表 1-10　游客的户籍分布

		频率	百分比（%）	有效百分比（%）	累计百分比（%）
户籍	京籍	119	72.1	72.1	72.1
	非京籍	46	27.9	27.9	100
	总计	165	100	100	

3. 游客的类别分布

参与调研的游客大多为普通游客，共 151 人，占调研总数的 91.5%。旅游爱好者（包括驴友、户外运动爱好者、背包客等）为 14 人，占调研总数的 8.5%（见表 1-11）。

表 1-11　游客的类别分布

		频率	百分比（%）	有效百分比（%）	累计百分比（%）
类别	普通游客	151	91.5	91.5	91.5
	旅游爱好者	14	8.5	8.5	100
	总计	165	100	100	

4. 游客的年龄分布

参与调研的游客年龄大多集中于 18—30 岁，这一年龄段共 119 人，占调研总人数的 72.1%；年龄处于 31—45 岁的游客有 22 人，占调研总人数的 13.3%；年龄处于 46—60 岁的游客有 12 人，占调研总人数的 7.3%；小于 18 岁的游客有 10 人，占调研总人数的 6.1%；60 岁以上的游客有 2 人，占调研总人数的 1.2%（见表 1-12）。

表 1-12　参与调研游客的年龄分布

		频率	百分比（%）	有效百分比（%）	累计百分比（%）
年龄	小于 18 岁	10	6.1	6.1	6.1
	18—30 岁	119	72.1	72.1	78.2
	31—45 岁	22	13.3	13.3	91.5
	46—60 岁	12	7.3	7.3	98.8
	大于 60 岁	2	1.2	1.2	100
	总计	165	100	100	

5. 调研对象的文化程度分布

此次参与调研的游客文化程度大多集中于大学及以上，共 132 人，占调研总人数的 80%。受调研时间段和当时新冠疫情影响，外地游客较少，所以调研对象集中于北京区域，另外，由于参与的学生较多，因此游客群体的总体文化程度较高。高中或中专学历的游客有 26 人，占调研总人数的 15.8%，初中文化程度的游客有 6 人，占调研总人数的 3.6%，小学及以下学历的游客有 1 人，占调研总人数的 0.6%（见表 1-13）。

表 1-13　参与调研的游客文化程度分布

		频率	百分比（%）	有效百分比（%）	累计百分比（%）
文化程度	小学及以下	1	0.6	0.6	0.6
	初中	6	3.6	3.6	4.2
	高中（包括中专、职校）	26	15.8	15.8	20
	大学及以上	132	80	80	100
	总计	165	100	100	

6. 调研对象的职业分布

此次调研的游客多为学生，共 102 人，占调研总人数的 61.9%；企业单位员工有 25 人，占调研总人数的 15.2%；国家机关或事业单位工作人员有 16 人，占调研总人数的 9.7%；商业或服务人员和自主经营者较少，各有 4 人，均占调研总人数的 2.4%（见表 1-14）。

表 1-14　游客的职业类型分布

		频率	百分比（%）	有效百分比（%）	累计百分比（%）
职业	国家机关或企事业单位	16	9.7	9.7	9.7
	企业单位	25	15.2	15.2	24.9
	商业或服务业	4	2.4	2.4	27.3
	自主经营	4	2.4	2.4	29.7
	退休人员	4	2.4	2.4	32.1
	学生	102	61.9	61.9	94
	自由职业	6	3.6	3.6	97.6
	其他	4	2.4	2.4	100
	总计	165	100	100	

7. 游客的收入分布

由于参与调研的游客大多为学生，所以收入分布最多的区间为 2500 元以下，共 101 人，占调研总人数的 61.2%；月收入 2501—5000 元的游客有 20 人，占调研总人数的 12.1%；月收入 5001—8000 元的游客有 20 人，占调研总人数的 12.1%；高于 8001 元、低于 1.2 万元的游客有 12 人，占调研总人数的 7.3%；月收入 1.2001 万元以上的游客有 12 人，占调研总人数的 7.3%（见表 1-15）。

表 1-15　参与调研的游客月收入分布

		频率	百分比（%）	有效百分比（%）	累计百分比（%）
月收入	2500 元以下	101	61.2	61.2	61.2
	2501—5000 元	20	12.1	12.1	73.3
	5001—8000 元	20	12.1	12.1	85.4
	8001—1.2 万元	12	7.3	7.3	92.7
	1.2001 万元以上	12	7.3	7.3	100
	总计	165	100	100	

8. 游客去过的长城段落（北京区域内）分布

参与调研的游客中，去过八达岭长城的人数最多，共 145 人，占调研总人数的 87.9%；其次是慕田峪长城，共 50 人，占调研总人数的 30.3%；去过居庸关长城的游客有 49 人，占调研总人数的 29.7%；去过古北口长城的游客有 34 人，占调研总人数的 20.6%；去过黄花城水长城的游客有 32 人，占调研总人数的 19.4%；司马台长城 29 人，占调研总人数的 17.6%；水关长城 27 人，占调研总人数的 16.4%；箭扣长城 6 人，占调研总人数的 3.6%；金山岭长城 6 人，占调研总人数的 3.6%（见表 1-16）。游客去得较多的长城段落多为建设较成熟、知名度较高的八达岭、慕田峪和居庸关长城。

表 1-16　游客去过的长城（主要为北京区域）段落

		频率	百分比（%）	有效百分比（%）
去过长城段落	八达岭长城	145	87.9	87.9
	慕田峪长城	50	30.3	30.3
	居庸关长城	49	29.7	29.7
	司马台长城	29	17.6	17.6
	黄花城水长城	32	19.4	19.4
	水关长城	27	16.4	16.3
	箭扣长城	6	3.6	3.6
	金山岭长城	6	3.6	3.6
	古北口长城	34	20.6	20.6
	其他	0	0	0

9. 游客去过长城的次数分布

从游客去过长城的次数来看，去过 1—2 次的游客最多，有 91 人，占调研总人数的 55.15%；去过 3—4 次的游客有 40 人，占调研总人数的 24.24%；去过 5—6 次的游客有 21 人；占调研总人数的 12.73%；去过 7—9 次的游客有 7 人，占调研总人数的 4.24%；去过 10 次及以上的游客有 6 人，占调研总人数的 3.64%（见表 1-17）。

表 1-17　游客去过长城的次数分布

		频率	百分比（%）	有效百分比（%）	累计百分比（%）
次数	1—2 次	91	55.15	55.15	55.15
	3—4 次	40	24.24	24.24	79.39
	5—6 次	21	12.73	12.73	92.12
	7—9 次	7	4.24	4.24	96.36
	10 次及以上	6	3.64	3.64	100
	总计	165	100	100	

第二章
长城国家文化公园的价值阐释

长城，作为中国重要的历史文化遗产，是古代修建的一座绵延数千公里的城墙，建于公元前 7 世纪至公元 14 世纪，是中华民族的代表符号和中华文明的典型象征。千百年来，长城的文化符号享誉国内外，既是哺育中华民族发展壮大的精神家园，也是中华民族建立文化认同的价值系统。以长城文化资源为核心进行国家文化公园建设，有着传承中华文明、凝聚中国力量、提升人民生活品质的历史使命。

第一节　长城国家文化公园的属性

长城国家文化公园是政府规划建设的国家级景观，其根本宗旨是建设整合长城沿线文物和文化资源，按照一定的原则构建总体空间格局，将长城国家文化公园打造为弘扬民族精神、传承中华文明的重要标志。与这一建设宗旨相联系，长城国家文化公园具有国家属性、文化属性、公园属性。

一、长城国家文化公园的国家属性

（一）长城是保家卫国的重要空间要素

从产生根源来看，长城体现的是国家意志。长城位于中国北部，起点在山海关，终点在嘉峪关，跨越近一万公里的地理界限，故称"万里长城"。作为中国历史上最著名的军事防御工程之一，长城的建设经历了多个朝代和数千年时间，是保卫国家疆土的重要力量。

古代中国版图，西面止于西藏高原山麓，南面是森林，东面止于海洋，北面则修筑起长城这一人工屏障。长城，和中国版图上的天然屏障一起，构成了一个边界实体，以"隔绝"的强制力护卫国家安全。中国古代喜欢用砖、石、木材等材料，建构分割的墙体或隔体，《周礼·考工记》中描述的城市，大多以城墙和四周设置的护城河为分割界线。万里长城，和古罗马的哈德良长城、德国的柏林墙等一样，是人为设置的空间物理建筑，是抵抗入侵、护卫国土的军事屏障。《吕氏春秋·先识》记载："凡国之亡也，有道者必先去，古今一也。地从于城，城从于民，民从于贤。故贤主得贤者而民得，民得而城得，城得而地得。"[①]早在西周时期，我国就有关于长城的历史记载。典故"烽火戏诸侯"，说的是周幽王为了讨褒姒开心，多次点燃烟火戏弄诸侯国前来救驾，长城就是周幽王点燃烟火的地方。

春秋时期，各国列强争霸，以长城为界限分割地盘。齐长城是长城体系中的一颗璀璨明珠。它基于农耕文明与冷兵器时代的生产力水平之上，是倾齐国之力修筑起来的规模巨大的军事防御工程。齐长城横亘于齐鲁大地，集山地防御、河流防御和海洋防御于一体，形成了贯穿东西、全线连接、完整齐备的长城防御体系。齐长城于春秋战国时期分期分段逐渐修筑完成，最早的西段齐长城大约修筑于春秋晚期，利用古济水堤防再筑墙加固形成，史称"巨防"。战国中期，楚国北上，齐国南部形势紧张，在交通路口和关隘筑工事、建要塞的防御战术已经不能适应新出现的骑兵作战方式，于是产生了全线防御的战略思想。这一时期，齐宣王"乘山岭之上筑长城，东至海，西至济洲，千余里，以备楚"。齐长城以关隘要塞为据点，借助两侧的城体本身和周边山地制高点，将齐国的东南、正南、西南三个方向完整地合围，形成了点线结合、互为依托的整体防御体系，是齐国南部最重要的一道防线。秦灭六国统一天下，秦始皇亲自着手修建和连接"战国长城"，万里长城初见雏形，后面历朝皆对长城进行加工修缮。

为什么长城厥功甚伟，这就要说到长城的使命。长城防御的是北方的游牧民族，大都建在易守难攻的崇山峻岭之间。大规模骑兵部队如果不进行强攻，长城很难被突破。长城的存在也并不是全部为了防御，重要的是它具备的预警功能，只要点燃烽火，很快就会有援军来增援。可以在对方发起攻击后，配合关内前后夹击。长城还是一个屯兵系统，士兵们驻扎在各关卡要点，当有敌军入侵，可以顺着长城飞速赶来驰援。长城也可以作为"退可守，进可攻"的战略据点。己方衰弱时，长城可以作为防御的防线。己方强盛时，

---

① 童强. 空间哲学 [M]. 北京：北京大学出版社，2011：88-91.

又可以作为进攻的补给站。比如汉武帝时期，大破匈奴的霍去病、卫青等，都是以长城作为据点，才取得了赫赫战功。长城的修建是一项充满智慧的军事防御工程。

（二）长城是文化遗产保护利用的国家规划

从保护利用来看，长城是世界上规模、体量最大的线性文化遗产。由于十地的国家性质及遗产的线性特点，只有国家才能够对跨越多个行政区域的大尺度空间进行有效的规划与管理，把长城建设为民族优秀文化的弘扬之地、主流价值观的呈现之所，打造全民休闲审美的公共空间。

在我国，建设长城国家文化公园，是延续中华民族文化根脉的重大举措，是推动文化和旅游高质量发展、探索文物和文化资源保护传承利用的崭新路径。2017 年颁布实施的《国家"十三五"时期文化发展改革规划纲要》提出，依托长城、大运河、黄帝陵、孔府、卢沟桥等重大历史文化遗产，建设一批国家文化公园，形成中华文化重要标识。同年 9 月，中共中央办公厅、国务院办公厅印发《建立国家公园体制总体方案》，2019 年 12 月，中共中央办公厅、国务院办公厅印发《长城、大运河、长征国家文化公园建设方案》，标志着长城、大运河、长征这三个项目已经纳入国家文化公园建设体系。2020 年 10 月，党的十九届五中全会通过《中共中央关于制定国民经济和社会发展第十四个五年规划和二〇三五年远景目标的建议》，该文件除了提及上述三个国家文化公园建设，又增加了黄河国家文化公园的内容。为推进国家文化公园的建设，中宣部组建国家文化公园建设工作领导小组，国家文化公园建设工作领导小组办公室面向社会公开征集国家文化公园形象标志设计方案。

以上说明，长城国家文化公园建设是一项国家规划，它必将以丰硕的建设成果，主动服务于国家文化建设和文化发展大局，并赋予长城文化新价值与新内涵，相信不久的将来，一个传承中华文明的历史文化走廊、凝聚中国力量的共同精神家园、提升人民文化和生活品质的文化和旅游体验空间，必将以其崭新的姿态呈现在世人面前。

（三）国家公园性质与长城线性空间特征紧密相连

线性公园公认的鼻祖是始建于 1878 年波士顿的"翡翠项链"，它将当地 9 大城市公园和其他绿地系统有序地连接起来，形成 16 公里公园景观。线性公园这一全新概念，也随着"翡翠项链"的走红而风靡世界。长城是中国和世界重要的线性文化遗产，历史年代悠久，地域分布广阔。在建设范围上，长城国家文化公园，包括战国、秦、汉长城，北魏、北齐、隋、唐、五代、宋、西夏、辽具备长城特征的防御体系，金界壕，明长城。涉及北京、天津、河北、山西、内蒙古、辽宁、吉林、黑龙江、山东、河南、陕西、甘肃、青海、宁夏、新疆15个省区市。要建设地域分布如此广阔的线路空间，必须由政府统一规划、统一实施，才能取得最大成效。长城的国家公园性质依赖于其绵长的线性空间特征。

欧洲的文化线路理论与实践对理解长城文化公园的国家性质具有启发意义。该理论和实践的发展经历了三个阶段。在初始阶段（1987—1998年），随着欧洲一体化趋势的发展，欧洲委员会提议建设一条具有高度象征意义的文化线路，即圣地亚哥·德·孔波斯特拉朝圣之路，希望为欧洲不同国家、不同民族在寻求文化认同中推动政治经济一体化发展。这条朝圣线路成为世界上第一条入选《世界遗产名录》的文化线路遗产，吸引了大量游客，成为欧洲天主教信众的情感依托，为之后欧洲文化线路的理论发展奠定了基础。1991年，欧洲共同体通过《欧洲联盟条约》，对文化线路的定义、标准进行了明确规定。在发展阶段（1998—2010年），文化线路的内涵不断丰富，功能不断拓展。2008年，《文化线路宪章》阐述了文化线路作为遗产类型的意义与价值，在强调欧洲价值观的同时，还赋予文化线路以经济功能。进入成熟阶段（2010—2020年）后，文化线路被纳入具有文化和教育特征的遗产与旅游框架，为欧洲以外的国家开启了文化与经贸合作的可能性。欧洲文化线路的理论与实践表明，由文化线路历经不同国家和区域所决定，作为线性的文化公园，需要各参与国的共识、共建和共享，是多元合力凝结的产物。

综观我国长城国家文化公园建设，依照《长城、大运河、长征国家文化公园建设方案》的要求，建设管控保护、主题展示、文旅融合、传统利用四类主体功能区，系统推进保护传承、研究发掘、环境配套、文旅融合、数字再现等重点基础工程，必须举全国之力，其任务本身决定了长城文化公园的国家性质。突出文化景观的完整与统一，建立统一的国家公园垂直管理体制，强调统筹保护，已被证明是国家公园行之有效的国际通行管理模式。只有打破条块分割的管理模式，突出景观的完整性，才可以提高资源与环境保护的有效性，才能让国家公园以壮丽的景观和良好的环境姿态，成为国家形象对外展示的一个窗口。

二、长城国家文化公园的文化属性

长城国家文化公园是一种文化空间，它既是承载着深层文化记忆的符号，又是人与人、人与空间多元互动的文化场所。中共中央办公厅、国务院办公厅《关于实施中华优秀传统文化传承发展工程的意见》明确提出"规划建设一批国家文化公园，成为中华文化重要标识"，彰显了长城国家文化公园的文化属性。

（一）文化的场所依赖

国家公园与国家文化公园的差别在于：前者以自然为核心价值，后者以文化为核心价值。比如，美国黄石国家公园是世界上第一个国家公园，1872年3月1日被正式命名，至今经过了近150年的历程，具有鲜明的荒野性特性。相应地，国家文化公园的导入性价值在于其蕴含的文化特性。比如，肇始于18世纪40年代的美国公园运动，曾经席卷北美近50年时间，该运动的哲学基础是浪漫主义自然观，以及对自然风光能够提升、储存人类精神的信仰，运动的成果是美国普罗斯佩克特公园的诞生以及对公园进行的哲学和神学思考。① 彭兆荣指出："较之美国的'国家公园'，中国的'国家文化公园'需要首先确立具体化的价值理念。美国历史短，文化遗产相对贫乏，国家公园遂以'荒野'作为突出自然遗产的核心价值。我国历史悠久，文化遗产丰厚，彰显国家公园的'文化'特性，但需努力探索一种符合文化公园的'中国范式'。"②

美国学者通过对市政公园和国家公园的比较，强调了国家公园的历史文化特性。塞萨·洛等认为，很多市政公园为市民提供的是娱乐和消遣，而国家公园里却珍藏着很多国家认同的事物。"很多以爱国和历史为主题的景物被编码在西部公园；发现和探索的事物、战利品、开拓和西部扩张、自然和荒原价值、国家的雄伟、顽强的个人主义等。尽管其处理建筑环境、国家遗产，像是独立国家历史公园、自由女神像和埃利斯岛。国家纪念物在保护国家象征和历史事件的公众教育方面也有相似的使命。这些地方不是真正的公园，

---

① ［美］塞萨·洛，达纳·塔普林，苏珊·舍尔德. 城市公园反思——公共空间与文化差异[M]. 魏泽崧，汪霞，李红昌，译. 北京：中国建筑工业出版社，2013：16.

② 彭兆荣. 文化公园：一种工具理性的实践与实验[J]. 民族艺术，2021（03）：107-116.

也不是奥姆斯特德的一个观念，即在传统公园的娱乐设施供给方面做得很少。但是，一开始，国家公园体系就保留了很多历史遗迹并被公众解释。"①

文化价值指的是与人们的生活、环境以及基于文化联系和共同生活的行为相关的共享含义。作为一种人类生活的指示器，它让我们得以了解对诸如公园或遗址之类的风景的看法或感觉，能够指导人们理解公园的利用和废弃，地缘情结的具备或缺失，以及各种象征意义。按照兰德尔·梅森的说法："文化价值处在自然保护地的传统核心——某物、某建筑或某地方具有附属价值，是因为它由于自身年代、美感、艺术性或某个重要人物或时间相关而对人们或某些社会群体产生含义，或对文化联系的过程有所贡献。"也就是说，通过长时间在一个地方居住、工作，或者讲述关于一个地方的传奇故事和参加一些能够使个人或群体与一个特定的地方产生关系的任何活动，我们可以看出物体、建筑和风景也被赋予了文化价值。塞萨·洛将其称之为"文化的场所依赖"，它常常存在于公众和地点（人与物）之间，特别是像公园、沙滩和遗址等这些地方，人们可以通过继续使用它们和利用它们唤醒回忆，发现它们所具有的深层含义和文化意义。②长城以其线路遗产的方式构建一种公园形式的展示，其文化特征更为显著。一定意义上，线性遗产的核心是线路文化，主要表现为以某一种"线路"为媒介，形成主题鲜明的文化交流带。

（二）长城的文化价值

长城是我国古代最伟大的军事防御工程，凝聚着我们祖先的血汗和智慧，是中华民族的象征和骄傲。长城国家文化公园以非物质文化遗产为精神内核，对外形成弘扬中华优秀传统文化的新窗口，对内以铸牢中华民族共同体意识为主线，促进各民族文化认同，是实现中华民族伟大复兴的重大文化工程。长城的文化价值挖掘与利用，是一项重大的历史工程。民国初年，人们对待古城墙的态度相对消极，不少人认为旧城墙是新世界的对立物，阻碍了现代生活和经济交往。③但是，长城因其"工程伟大和曾经发挥的作用"而应当

---

① ［美］塞萨·洛，达纳·塔普林，苏珊·舍尔德.城市公园反思——公共空间与文化差异［M］.魏泽崧，汪霞，李红昌，译.北京：中国建筑工业出版社，2013：24.

② ［美］塞萨·洛，达纳·塔普林，苏珊·舍尔德.城市公园反思——公共空间与文化差异［M］.魏泽崧，汪霞，李红昌，译.北京：中国建筑工业出版社，2013：11.

③ 吴雪杉.长城：一部抗战时期的视觉文化史［M］.北京：生活·读书·新知三联书店，2018：12.

加以保留，与金字塔、罗马石渠等世界建筑奇观一道，成为"地球上最伟大的古物"。即使在一些西方人眼里，长城也因凝聚中华民族精神与智慧而举世瞩目，正如法国启蒙思想家伏尔泰所说："就其用途及规模来说，这（长城）是超过埃及金字塔的伟大建筑。"①

近代报刊的出现，使长城的图景展现于世人面前，其雄伟的建筑风貌，壮观的视觉效果，无不展现长城的深厚底蕴和文化价值。在民国初年的中外报刊图像中，八达岭长城的形象已经成为万里长城的典型代表图景。在以现代图像的方式展示长城的同时，民族意识的概念开始融入长城，进而长城拥有了深刻的精神文化意义。孙中山在 1920 年所写的《建国方略》中，把长城历史与中华民族联系起来，以阐释其保卫中华的历史价值，他指出："其初能保存挛大此同化之力，不为北狄之侵凌夭折者，长城之功为不少也。"② 这是将长城作为中华民族象征的最早论断，长城也因此而具有了民族生命力。相对于仅将长城作为历史古物，承载着民族精神的长城，无疑具有更加深刻的现代意义和文化价值。1912—1931 年，长城被视为东方文明的标志，其历史遗产的特点得以呈现。中华人民共和国成立后，长城更是摆脱了单纯的军事工程标签，具备了新的文化象征意义。

三、长城国家文化公园的公园属性

长城是一种公共产品，具有公共物品属性，是向公众开放的、所有人都可以自由进入的公共场所。随着人民生活水平和生活质量大幅度提升，休闲与游憩活动的需求呈现高速增长，而长城国家文化公园以其鲜明的公园属性，在一定程度上满足了人民群众和国内外游客的文化和旅游需求，为人民群众的生活增添了丰富色彩。

（一）公园的游憩功能

西方公园的产生、发展与变迁已绵延几千年。早在古希腊、古罗马时期，民主政治发达的地区便已出现供公众开展户外活动的公共园林，主要包括祭祀活动的圣林、体育运动的竞技场、聚众讲学的文人园等。它们从一定意义上可视为城市公园的雏形。随着城市化进程的推进，作为休闲游憩、交往聚

① ［法］伏尔泰. 风俗论（上册）［M］. 北京：商务印书馆，2000：244.
② 孙中山全集（第六卷）［M］. 北京：中华书局，1985：188.

会、儿童娱乐、文化传播等多元社会活动的载体，公园已成为都市人喜爱的大众园林。1872 年美国在建设第一个国家公园——黄石公园时，就将该公园的风景价值作为重要的考量因素。塞萨·洛指出，美国黄石国家公园的使命"不只用于公众享乐，而且用于保护自然和历史资源。国家公园在建成时有三个目的：风景价值、科学价值、历史价值"。① 现代城市公园的产生，有着特定的社会背景和动因。18 世纪，产业革命带来了诸多环境及社会问题，城市急剧扩张、自然环境恶化、工业污染加剧等对人们的身心造成严重的压迫，城市居民特别是工人阶级产生了亲近自然和休息娱乐的需求。从 1830 年至 1840 年，欧洲大陆蔓延的霍乱直接催生了世界上第一个公园——英国伯肯海德公园，1873 年，美国建成了对后世城市公园建设影响深远的纽约中央公园。在一定意义上说，公园优美的自然景色成为城市生活中的"解毒剂"。美国现代景观设计学奠基人弗雷德里克·劳·奥姆斯特德提出，人眼摄入过多的人工制造物会损害人的心智、神经，以至整个人体系统，而自然景观可以把人从拥挤的城市生活中解脱出来，它能愉悦人的眼睛，由眼至脑，由脑至心。纽约中央公园的建成使用，标志着美国现代景观设计时代的到来。自此以后，公园就不再是少数人赏玩的奢侈品，而是令普通公众身心愉悦的公共空间。

在中国，公园经历了一个由私人领地到公共空间的历史过程。据有关典籍记载，我国造园始于商周，"园"亦称之为"囿"。最初的"囿"，就是圈占自然景色优美之地，供放养禽兽、帝王狩猎之用。汉朝把商周秦时期的游囿，发展为以园林为主的帝王苑囿行宫，除供皇帝游憩之外，还举行朝贺、处理朝政。魏晋南北朝时期，曾一度经济繁荣、文化昌盛，封建士大夫阶层亲近自然、游历名山大川成为普遍风尚。刘勰的《文心雕龙》，钟嵘的《诗品》，陶渊明的《桃花源记》等许多名篇，都是这一时期的名篇巨制，造园活动进入全盛时期，奠定了中国风景园林发展的基础。魏晋南北朝后期的战乱状态结束，隋朝的社会经济一度繁荣，大兴造园之风，帝王和达官贵人，仿效自然山水建造园苑，尽享"主入山门绿，水隐湖中花"的乐趣。到了唐代，唐太宗励精图治，国运昌盛，宫廷御苑的设计也越发精致，显得格外华丽，禁殿苑、东都苑、神都苑、翠微宫等，都旖旎空前。宋朝、元朝造园也都有

---

① ［美］塞萨·洛，达纳·塔普林，苏珊·舍尔德. 城市公园反思——公共空间与文化差异［M］. 魏泽崧，汪霞，李红昌，译. 北京：中国建筑工业出版社，2013：22.

一个兴盛时期，特别是在用石方面，有较大发展。这期间，大批文人、画家参与造园，进一步加强了写意山水园的创作意境。明、清时期是私家园林创作的高峰期，以明代建造的江南园林为主要成就，如沧浪亭、休园、拙政园、寄畅园等。建造皇家园林以清代康熙、乾隆时期最为活跃，当时，社会稳定、经济繁荣为建造大规模写意自然园林提供了有利条件，如当时建造的圆明园、避暑山庄、畅春园等。清朝末期，由于外来侵略、西方文化冲击、王朝经济崩溃等原因，园林创作由全盛走向衰落。① 由此可见，在古代社会，园林是皇亲国戚或士家大族的私产，主要供官家和上层人士游憩。

中国近代史上第一座公园诞生于上海，即 1868 年英国人在上海建造的外滩公园，但此时公园却不对中国人开放。20 世纪 20 年代，历史上著名的五卅运动、上海工人第三次武装起义等反帝反封建事件在上海风起云涌，西方列强迫于压力，从 1928 年 7 月 1 日起，将上海租界内的所有公园向中国人开放。辛亥革命爆发后，北洋政府致力推行皇家园林和坛庙向社会公众大规模开放。先是将北京前门大街附近的社稷坛改建为"中央公园"（后改为"中山公园"），于 1914 年 10 月 10 日正式开放，中央公园成为北京第一座由皇家坛庙改建成的大众公园。继社稷坛之后，先农坛、天坛、颐和园、北海、景山、地坛等皇家禁苑陆续开放为公共园林。这些公园不仅为市民提供了娱乐场所，也为政府扩充了收入来源。据估算，民国时期北京市政府每年仅公园门票和公园土地租金两项，就获得了 8000 银圆的收入。公园的出现改变了北京传统的城市空间结构，是北京城市规划近代化的一个缩影。② 在近现代公园的发展历程中，公园作为教化场所和公共领域的两大职能始终强于其基本职能——游憩功能。国家和政府强化了公园的意识形态功能，传统中国人追求的天人合一、知山乐水等崇尚自然的游乐精神在一定程度上被忽略。随着人民群众对美好生活的追求不断提高，他们不仅追求较为富裕的物质生活。而且追求日益丰富的精神生活和休闲娱乐生活。古希腊哲学家亚里士多德说："人们来到城市是为了更美好的生活。"国家文化公园理应回归其公园属性，在营造人们的幸福生活中扮演重要角色。

---

① 周维权. 中国古典园林史（第三版）[M]. 北京：清华大学出版社，2008：381-409.
② 敦敏. 公园——城市生活的大众园林 [N]. 北京日报，2022-09-30.

（二）长城的文旅价值

"不到长城非好汉"是说不登临长城关口绝不是英雄，体现了一种精神气魄和奋斗精神。今天，长城既是中华民族精神的符号，也是人们登山游园的休闲旅行地，长城国家文化公园的公园属性充分彰显。

长城沿线的关城数量众多，大小不一。明长城有近千处关城，有些大的关城附近还带有许多小关，如山海关附近就有 10 多处小关城，它们共同组成了万里长城的防御工程建筑系统。盛夏时节，位于延庆的八达岭长城成为"流量王"。据统计，自 2023 年 5 月 1 日—7 月 29 日，八达岭夜长城接待游客数量就突破 14 万人次。八达岭文旅集团联合北京市郊铁路推出全新旅游线路产品——"延图 Nice 夜长城之旅"。蓝天白云下，八达岭长城雄伟壮观，到了晚上，整个八达岭长城被灯光勾勒出清晰的形状，宛如"璀璨巨龙"。登上南四楼，人们以独特视角欣赏着"人字形"夜长城和"金龙摆尾"的壮美辽阔，感受与白天不一样的景观。登长城结束，人们兴致不减。在全长 590 米的八达岭文化街上，《梦回长城·八方来鹤》沉浸式演出精彩纷呈，吸引游人驻足观赏、拍照。古风快闪、近景魔术、杂技表演、鹤舞表演等节目在文化街 8 个点位接连上演。演出与五彩斑斓的灯光交相辉映，置景、全息投影等多媒体特效打造出沉浸式体验空间。①

目前，长城国家文化公园大部分国家重点工程已进入建设的后期阶段，在四大主体功能区和五大工程中，文旅融合发展是其中非常重要的内容，其建设目的是发展旅游经济，满足中外游客的休闲需要，实现长城国家文化公园的休憩功能。

第二节　长城国家文化公园的文化价值

长城于 1987 年列入世界遗产名录，其承载了极为丰富、厚重的历史文化信息，代表着军事文化、农耕文化、游牧文化、建筑文化、历史文化、贸易

---

① 李瑶. 八达岭夜长城迎客 14 万人次［N］.北京日报，2023-07-29.

文化等多种文化类型，体现了民族融合、军事防御体系和农牧交错带的人地关系。今天，长城作为国家文化公园的核心资源，是国家推进实施的重大文化工程，阐释长城的文化价值，提升公众对文化遗产历史、文化价值的认知，增进公众对文化遗产的理解、欣赏，是现阶段文化遗产传承发展的关键议题和重要内容，是推动文化产业和旅游产业与教育、农业、科技、交通、体育等领域跨界融合的基础性工作。

一、鲜明的建筑文化特征

长城是世界上最伟大的建筑之一，它蜿蜒于中国北方，跨越山脉和平原，宛如一条巨龙，横亘在大地之上。长城的建造历史可以追溯到公元前 7 世纪，经过几个朝代的修建和扩展，成为中国的标志性建筑，呈现鲜明的建筑文化特色。

（一）连续性、整合性和防御性

长城作为一个规模庞大的线性建筑，具有连续性、整合性和防御性特征。长城的连续性既表现为时间的连续，也表现为设施的连续。长城不是某个时代的产物，而是历史延续的结果。长城绵延不绝，城墙与关隘、城堡、烽火台等建筑设施相互连接。以齐长城为例，它横亘于齐鲁大地，集山地防御、河流防御和海洋防御于一体，形成了贯穿东西、全线连接、完整齐备的长城防御体系。

长城的整合性主要是指长城与所在区域的地势、地质、气候等自然环境相结合，融入社会文化、审美意象等人文环境特点，使长城建筑选取的线路位置、建造式样、材料工艺及要素布局关系更为完善，增强了长城在军事防御、边境贸易、文化交流等方面发挥的作用。

基于农耕文明的防御意识与冷兵器时代的生产力水平之上，长城是规模巨大的军事防御工程。仍然以齐长城为例来分析。春秋战国时期，诸侯争霸，齐国为防御鲁国、楚国及中原各国的军事入侵而修建长城，体现了中国早期政权的疆域防御制度。除了齐国，其他诸侯国以"备边境，完要塞，谨关梁，塞蹊径"为要务，纷纷在边境修筑长城，驻兵御敌，长城成为各诸侯国保卫疆土的重要防御设施。从功能上看，各诸侯国修筑的长城可以分为两类：一类为"拒胡"，以防御北方游牧民族为主，如燕长城、赵北长城、秦昭王长城等；另一类为"互防"，以中原各国军事战争为主，如齐长城、楚长城、燕南长城、赵南长城、魏河西长城、魏河南长城、秦河西长城、中山国长城等。齐长城作为中国最古老的长城，为先秦时期各诸侯国兴建长城提供了重要借鉴经验，在中国长城史上具有不可替代的奠基地位。

（二）历史性、科学性和艺术性

长城历史悠久，始建于2000多年前，最早可追溯到西周时期的"烽火戏诸侯"。春秋战国时期，诸侯国修建长城作为边防。秦汉时期形成雏形，明代大规模兴建，历经修缮达到鼎盛时期。现存长城遗址分布于15个省、自治区、直辖市，总里程超过2万千米，其中明长城约9000千米。长城彰显了中华民族抵御外患、团结奋斗的精神，是世界瞩目的历史文化遗产。

长城建筑工程宏大、建筑类型完整、建筑布局与结构科学。比如，齐长城以关隘要素为据点，再借助两侧的城体本身和周边山地制高点，形成点线结合、互为依托的整体防御体系。它将整个齐国的东南、正南、西南三个方向完整地圈了起来，成为齐国南部最重要的一道防线。在修建长城的过程中遵循"因地形，用制险塞"的理念，或修建于山岭，或夯筑于平地，或以山险代墙；建设者就地取材，根据不同的地质，灵活运用毛石干垒、土石混筑、土坯垒砌等修筑方法，巧妙地将关、烽火台、堡等建筑与山水地形结合在一起，反映了古人因地制宜、尊重自然、利用自然、改造自然的思想，具有极高的建筑水平。

长城雄伟壮丽，空间意象宛若游龙，是世界著名的艺术瑰宝。北京八达岭长城，沿南北两峰依山而上，登上北八楼极目远眺，长城曲直伸展，景象十分开阔壮观。可以说，这里的长城，沉雄中见"阔大"。慕田峪长城以施工精细、构筑造型独特而著称。慕田峪长城的"正关台""大角楼""秃尾巴边""牛犄角边""单边""九眼楼""夹板楼"等都是我国长城军事防御工程中极富特点的构筑物。这些独特的建筑造型与险要的自然地形相融合，不仅具有很高的历史价值、工程科学价值，还具有突出的审美价值和观赏价值。经过2000多年的变迁，长城作为战争防御工具的实用性功能已经消退，而它的审美特性却在历史的演进中不断积淀、增长。从审美的角度看，长城是一件伟大的艺术作品，是我们民族精神、审美理想的象征。世界遗产委员会对长城的评价是："长城成为世界上最长的军事设施。它在文化艺术上的价值，足以与其在历史和战略上的重要性相媲美。"①

二、鲜明的民族精神象征

在漫长的历史演进中，长城逐渐成为勤劳勇敢、坚韧不屈、自强不息的精神象征，特别是革命战争年代，长城被赋予保家卫国、守望和平、威武不屈、众志成城的精神内涵。

长城选址于地势险要的崇山峻岭，其艰难困苦的修筑过程，体现了古代劳动人民勤劳勇敢、坚韧不拔、吃苦耐劳的精神。长城的修筑持续了2000多年，在交通闭塞、自然环境恶劣的条件下，中华民族用智慧和力量创造了人间奇迹。伴随历史变迁，长城在一定程度上承担了维护国家和民族统一的职责使命。长城作为抵御外敌、保家卫国的军事防御建筑，不仅有效降低了战争的发生频率，也在和平有序的发展中实现了农耕文明与游牧文明的和谐共生，为中国古代文明的形成和发展提供了稳定的环境和保护屏障。长城的修筑充分反映了长城内外各民族追求和平幸福的共同愿景，象征着中华民族自古以来爱好和平的文化情结。鸦片战争以后，在近代中国社会演变的过程中，中国逐步沦为半殖民地半封建社会，山河破碎，灾难深重，中华民族在觉醒中奋起前行，为争取国家独立和民族解放而英勇奋斗，古老的长城不断拥有了新的文化含义，由此，现代意义下的"长城形象"开始重构，长城不但承载着悠久灿烂的中华文明，成为中华民族十分珍贵的文化遗产，而且也成为中华民族自强不息、威武不屈的精神象征。

三、鲜明的兼收并蓄的文化特质

长城不仅是举世闻名的军事防御工程，还是长城沿线各民族经济、文化交流的窗口。自古以来，长城两边就由各族先民共同开拓、共同守望，是各民族一起生存发展的疆域，更是各民族共同培育构建的精神家园，彰显了各民族你中有我、我中有你、兼收并蓄、多元一体的文化格局。

（一）齐长城沿线的齐鲁文化交融

长城修葺的过程，也是文化交流的过程。据史书记载，最早的长城，是

---

① 北京市政协教文卫体委员会.长城踞北·综合卷［M］.北京：北京出版社，2018：130-140.

春秋战国时期楚国所建的楚长城，分布于今天的河南与湖北交界一带，至今已有 2600 多年的历史。此后，战争频繁，齐国、燕国、魏国、赵国、秦国等先后在各自边境修建长城，以齐长城最具代表性。

齐长城位于齐鲁、齐莒等国的边界线上，两边有齐国、鲁国和其他诸侯国，农耕文化、商业文化与海洋文化等多种文化形态并存。文化形态各具特色，以齐文化、鲁文化为主体，兼有其他诸侯国文化。齐长城是诸侯国之间商贸、文化交流的重要纽带，极大地促进了民族融合与文化交流。齐长城是齐鲁大地开放、包容的文化象征，体现了兼收并蓄、多元一体的文化特质。当时，齐桓公"九合诸侯、一匡天下"，攘夷抚边，极大地加强了齐长城沿线地区的文化交流，促进了中华民族的融合。春秋战国时期，互派使节是各诸侯国的一种日常交往形态，齐长城沿线的会盟活动更是促进了齐鲁两国以外交礼仪为主的"礼"的交汇和融合。历史上的齐鲁夹谷会盟，儒家创始人、鲁文化代表者孔子担任傧相主持了这次会盟，辅佐鲁定公，为鲁国争取到了最大利益。

齐长城构筑了齐国与其他诸侯国之间的商贸秩序，繁荣了商贸文化。齐国以工、商立国，实施优惠关税，实行"通商工之业，便鱼盐之利"的政策，是先秦时期工商业最为发达的地区之一，出现了"天下商贾归齐若流水"的繁荣景象。齐长城沿线的关隘、驿站、市集等场所成为对外贸易的重要口岸，齐国充分利用齐长城关隘，控制商品和货币的流通，限制食盐私卖，规范了齐国与其他诸侯国的商贸秩序。在齐长城沿线的一些重要关隘、驿站，齐鲁两国开通互市，齐国人学习鲁国先进的农耕技术，鲁国人从齐国人那里购买商品，促进了商业文明与农业文明的互鉴互通，形成齐国对外开放的格局。位于今济南市莱芜区和庄镇的青石关，作为齐鲁"咽喉之地"，素有"齐鲁第一关"之称，它不仅是齐长城著名的关隘，还是闻名遐迩的齐鲁古道，是南北商贸往来的必经之路。蒲松龄有诗云："身在瓮盎中，仰看飞鸟度。南山北山云，千株万株树。但见山中人，不见山中路。樵者指以柯，扪萝自兹去。句曲上层霄，马蹄无稳步。忽然闻犬吠，烟火数家聚。挽辔眺来处，茫茫积翠雾。"如今，青石关石坡道上还遗留着八九厘米深的独轮车痕，足见当年车水马龙的繁荣景象。

（二）明长城沿线的农耕文明与游牧文明

明代修筑的长城，是中国长城发展史上的鸿篇巨制。明朝时期，各边镇在不同时间分段修建长城，历经百年连为一体。明代长城以城墙为主体，由关隘、城台、烽火台等组成。沿线设立卫所，驻守军队，实施屯田制度，发展生产，修建了相连的道路，各处长城逐渐连成一线，与山海关、嘉峪关等各处关城一道，形成完整的军事防御体系，成为捍卫中原的重要屏障。在长城修筑史上，明代修筑长城的规模最大，历时最久，布局更合理，技术更先进，设施更为完善，工程质量更为优异。人们今天看到的长城，主要是明代修筑的长城，处于农耕地区与北方游牧地区的连接线上。

明代长城既是连接中国与北方游牧民族的纽带，也是两种文化交流和融合的场所。通过长城，中国文化向北方传播，同时也接受外来文化的影响。这种文化交流不仅体现在建筑风格、艺术作品和手工艺品上，还体现在语言、宗教、哲学、审美情趣和生活方式等方面。明代长城承载的文明信息，涉及历史、地理、文化、经济、军事、民族、建筑等各个方面，表现了多民族文化在此你来我往、频繁互动、交流交融的历史活动，积淀成多元一体、丰富厚重的中华优秀传统文化和民族精神。地处蒙晋冀交会之地的明代长城遗存，仍然有许多茶贸集散地和驼马转运地，见证着内地农耕区与草原地区物资交换的历史，诉说着农耕文明与游牧文明互学互鉴的故事。联合国教科文组织世界遗产大会高度评价长城作为世界文化遗产的突出价值，认为其"反映了中国古代农业文明与游牧文明的碰撞与交流"。

第三节　长城国家文化公园的文化功能

长城既是中华民族最杰出的建筑杰作，也是世界著名的建筑文化遗产。以长城为核心文化资源建设的国家文化公园具有国家属性、文化属性、公园属性，这决定了她拥有丰富的意义、价值和强大的文化功能。科学认识和充分发挥长城的文化功能，是长城国家文化公园建设的逻辑前提。

一、强化国家认同

国家认同是一个国家的公民对自己归属哪个国家的认知以及对这个国家的构成（如政治、文化、族群等要素）的评价和情感，是族群认同和文化认同的升华。长城国家文化公园的国家属性，决定了长城作为一种国家符号，承担着国家认同的功能。

（一）国家认同的"他山之石"

强化国家认同，是世界各国加强国家公园建设的主要目的。1832年，乔治·卡特林首次提出国家公园概念，经过百余年发展，许多国家进行实践探索，逐步建立起具有本国特色的国家公园系统，不同程度地实现了国家公园的国家认同功能。

美国的国家公园制度在其诞生之初，就承载了一项重要的使命：塑造新大陆的身份认同。在殖民地时代，美国主流社会对荒野抱有厌恶与征服的态度，随着浪漫主义与民族主义思潮的兴起与发展，壮美的荒野景观被美国知识精英塑造成为彰显美国独特性和构建国家认同的工具，被赋予崇高的精神文化价值。美国西黄石国家公园入口处有一个荣誉碑，其碑文是"纪念所有西黄石的退伍军人，以及所有曾为国家服役的陆、海、空、海军陆战队，海岸警卫队将士，以表彰为国家安全保卫作出贡献的军人"。这种对国家历史文化的展示，不仅强化了国家形象，也集中体现了国家历史文化的核心价值。法国的先贤祠，安葬了许多为法国历史文明做出突出贡献的先人，包括雨果、居里夫人、伏尔泰等代表法兰西精神的72位伟人，这是国家精神的充分展示，是法国精神的历史象征。

19世纪后期，为防止现代主义对传统文化的破坏，欧洲国家开始将遗产保护对象由艺术品扩展到建筑物，旨在寻找工业发展和新城市建设中失去的"民族身份"，延续文化血脉。两次世界大战后，在无数教堂、建筑、古老城镇被摧毁的情况下，为重塑民族精神、寻求国家身份认同，许多国家倍加珍视国家遗产，遗产保护空间范围也从单体建筑向集群式遗产、大遗址、文化街区、历史城镇、文化线路扩展，基于国家认同的遗产保护运动方兴未艾。

（二）国家认同的中国实践

2017年中共中央、国务院办公厅印发的《建立国家公园体制总体方案》强调，国家公园"坚持国家代表性""以国家利益为主导，坚持国家所有，具有国家象征，代表国家形象，彰显中华文明"。我国政府提出加强长城等国家文化公园建设，是国家认同功能发挥这一逻辑的中国实践，是推动国家资源向国家象征转化的中国创新。

中国立足文化发展实际，借鉴中外公园建设的经验，提出建设国家文化公园的宏伟蓝图。2020 年，党的十九届五中全会审议通过的《中共中央关于制定国民经济和社会发展第十四个五年规划和二〇三五年远景目标的建议》提出，建设长城、大运河、长征、黄河等国家文化公园。这一保护、传承和弘扬具有国家或国际意义的文化资源、文化精神或价值观，强化国家形象，弘扬国家精神。

二、增强文化自信

文化是人类创造的物质产品和精神产品的总称，其核心内容是由历史衍生及选择而形成的价值观念。人类活动的载体、方式不同，其创造的文化成果也就不同。长城国家文化公园作为一种国家文化符号，凝聚着中华民族的集体记忆与身份认同，是坚定文化自信的重要载体。

（一）强化文化自觉

文化自觉作为对自身文化内在特质、发展趋势的理性把握，是坚定文化自信的前提基础，必须深入挖掘和阐释北京历史文化遗产，擦亮长城文化"金名片"。长城是超大型军事防御工程体系的建筑遗产，代表着中华民族在保家卫国过程中形成的坚韧不拔、众志成城的精神。从民族融合角度讲，长城是中国北方农牧交错地带人地互动的文化景观，体现着包容开放、守望和平、共赢包容的民族团结精神。从历史文化角度讲，长城作为文化遗产，是中国历史文化的积淀，是传承中华文明的载体。在和平语境下，长城的"和合精神"更为突出，反映了中华民族和睦、和谐、和平、合作、联合、融合的价值内涵。

对历史文化遗产进行现代性阐释，赋予历史文化遗产以新的时代内涵和表达形式，使遗产承载的文化基因与当代文化相适应、与现代社会相协调，将历史文化遗产体现的思想元素融入社会主义核心价值体系，转化为民族复兴、国家富强、人民幸福的有益精神财富。长城文化遗产的阐释应立足全球视野、中国高度、时代眼光。《"十四五"文化和旅游发展规划》指出，推进长城、大运河、长征、黄河等国家文化公园建设，整合具有突出意义、重要影响、重大主题的文物和文化资源，生动呈现中华文化的独特创造、价值理念和鲜明特色，推介和展示一批文化地标，建设一批标志性项目。深挖长城文化内涵和时代价值，彰显地域文化特色，讲好长城故事，传承长城精神，积极推进长城文化遗产的科学保护与合理利用，通过多种形式让长城在中华大地上"活"起来，使之成为民族精神永续传承的重要保障和彰显文化自信的重要载体，才能精准定位，保护好、传承好、利用好长城文化遗产，推动长城遗产的科学保护与合理利用，实现弘扬中华文化与坚定文化自信的目的。

（二）强化文化发展

文化发展作为对传统文化的批判性继承、创造性转化、创新性发展，是坚定文化自信的内在要求。我国高度重视传统文化与现实文化的有机统一，强调通过保护历史文化遗产，推动历史文化遗产的文脉传承和转化创新。

一是贯彻整体性原则，实现长城历史文化的文脉传承。不忘历史才能开辟未来，善于继承才能善于创新。保护好长城古建筑就是保存历史，保存中华文明的文脉。要处理好历史文化遗产保护和开发利用的关系，在保护中发展、在发展中保护，落实长城整体性保护框架，将长城文化遗产的"金名片"越擦越亮。二是注重现实性原则，实现长城历史文化的创新发展。"以古人之规矩，开今人之生面。"传统文化的生命力在于它能为现实服务。要让长城的石头说话，把长城的历史智慧告诉人们，激发我们的民族自豪感和自信心，实现历史文化遗产为文化发展服务的功能。

三、实现美好生活

历史文化遗产有着内在的生活逻辑，它是人们过往生活的足迹。长城作为历史文化遗产和国家文化公园，是增进人民福祉、满足人民美好生活的重要手段。作为我国体量最大、分布最广的历史文化遗产，旅游已经成为长城的主要利用形式。随着我国全面建成小康社会，旅游休闲日益成为日常生活的一部分，长城国家文化公园在建设过程中应凸显全民公益性原则，通过开发丰富多彩的文化旅游产品，为人民群众提供亲近文化遗产、体验文化遗产、了解文化遗产的机会，提高人民群众的获得感、成就感，满足人民群众对美好生活的追求。

（一）幸福意识形态

综观人类文明史，幸福观有五种基本形态，即德性幸福观、快乐幸福观、利益幸福观、享乐幸福观和完善幸福观。其中，前四种幸福观是分别将德性、快乐、利益和享受视为人的根本需要，它们通常不考虑人的总体需要。完善幸福观则不同，它考虑人的根本需要，更关注人的整体需要。西方马克思主义者列斐伏尔提出"幸福意识形态"的概念，用以论证公共空间与人生幸福的密切关系，指出公共空间是塑造幸福社会、实现幸福生活的积极领域。汉娜·阿伦特对人的公共言行进行"剧场式"的阐释，以古希腊公民参与政治活动的广场为意象，揭示了公共空间对于幸福生活的重要意义。中西方文化传统、发展路径、制度模式不同，相比较而言，西方的国家公园体制发展相对成熟。我国历史上受农业社会和封建社会的浸润，城镇化起步较晚，导致公共空间相对匮乏，公共领域发育迟缓，休闲生活相对贫乏。规划建设国家文化公园，旨在通过一系列行之有效的保护和利用行为，满足人民不断增长的休闲游憩娱乐的需要。

《建立国家公园体制总体方案》提出"国家公园是指由国家批准设立并主导管理，边界清晰，以保护具有国家代表性的大面积自然生态系统为主要目的，实现自然资源科学保护和合理利用的特定陆地或海洋区域""以实现国家所有、全民共享、世代传承为目标"。建立长城国家文化公园，要通过资源整合，实施公园化管理运营，实现遗产保护、文化教育、公共服务、旅游观光、休闲娱乐、科学研究等多重功能。尤其是利用长城文物和文化资源的外溢辐射效应，积极发展文化旅游，助力乡村振兴，推动区域经济社会发展。为此，在建设过程中，应以长城为轴带，通过整合长城沿线周边资源要素，深入挖掘长城文化内涵，积极发展旅游、文化创意、康体运动、休闲度假、红色旅游、研学旅行、特色生态等产品业态，推动沿线欠发达地区产业转型升级，实现村落保护、文化传承与乡村振兴协同发展，为人民群众的幸福生活注入新动能，增添新活力。

（二）注重活化利用

融入空间生产，打造可供利用的活态产品。空间生产作为人类有意识的活动，是保护活态历史文化遗产的重要途径，历史文化遗产只有与产业深度融合，才能保持内生动力。一是可以采取建筑小品模式，提炼凸显长城文化特色的经典元素和标志性符号，合理应用于长城沿线等空间，以唤起长城记忆，增加长城的可识别性。二是采取博物馆模式，建设满足多样化需求的主题博物馆、文化展示中心，加大对公众的开放力度，满足群众对文化生活的需求，提高群众生活品质。三是采取经营空间事件的方式，创造仪式、庆典、传统民俗等场景体验和意向性展示，打造更多高质量文化产品，提高历史文化遗产保护的群众获得感。国家文化公园建设只有坚持突出全民公益性原则，才能最大程度地实现国家文化公园保护重大文物和文化资源、完善公共文化产品和服务供给、满足人民群众精神文化生活需要的战略使命。

融入群众生活，实现与现实生活的关系建构。历史文化遗产有着内在的生活逻辑，它是人们过往生活的足迹。长城国家文化公园只有与现实生活相融合，才能得到有效利用，才能真正"活起来"。一是挖掘有底蕴、有活力的历史场所，推动历史场所与现实生活相融合，赓续历史文脉；二是发挥人民群众主体作用，活跃人民群众的文化生活，倡导游客从后台走到前台，整理长城沿线的名人轶事、地名掌故、特色风物，向子孙后代、向外地朋友、向外国友人讲好长城的"生活故事"，用好长城历史文化这张"金名片"，提升文化软实力。

融入主题事件，满足人民群众需求。主题事件包括节日活动、民俗事件、庆祝纪念活动、仪式、街头表演、文艺展示、音乐派对等。这些主题事件在特定的时间将游客吸引到长城沿线，个体之间的交流机会增加，公共精神得到培育。英国城市学家彼得·霍尔在《文明中的城市》一书中考察了城市历史中的黄金时期，阐述了城市空间与主题事件的互动关系，指出主题事件为城市空间注入新的活力，引发群众的讨论与思考，可以鼓励群众参与、培育公共精神、愉悦群众身心。比如，夜游活动就是北京八达岭长城景区推出的特别活动，夜长城体验期间，景区相继推出快闪舞蹈"将军巡游队"开城仪式、大型实景沉浸式互动娱乐项目"梦回长城·八达岭"等，更有"长城·Night 美食街""长城·Night 大排档"，满足人民群众的游憩娱乐需求。

（三）强化公众参与

长城国家文化公园是一种体现公共性的宏大时空叙事表达，公众是长城国家文化公园建设的参与者和受益者，构建完善的公众参与机制，对于实现国家文化公园"共建、共享、共赢"的发展目标，具有重要的意义。国外的国家公园经过上百年建设，其公众参与模式日益完善，形成以美国为代表的志愿者服务模式，以澳大利亚为代表的社区共管模式，以英国为代表的合作伙伴模式，以日本为代表的旅游影响修复模式。各国相对成熟的公众参与模式可以为我国国家文化公园建设提供宝贵的经验借鉴。

志愿者服务既是美国国家公园管理的重要特征，也是公众参与最有效的方式之一。从 1872 年黄石国家公园建立，到 1916 年美国国家公园管理局建立，志愿者在美国国家公园建设中一直发挥着积极作用。1970 年，美国国会颁布了《1969 公园志愿者法》(*Volunteers in the Parks Act of* 1969)，授权内政部开展"公园志愿者计划"。至此，美国国家公园志愿者与国家公园由非正式合作关系转变为正式的合作关系。经过几十年的发展，美国国家公园已形成非常成熟、完善的志愿者服务体系，有近 14 万名志愿者参与国家公园的管理与服务，志愿时长每年超 500 万小时。

澳大利亚国家公园在管理中更强调原住民参与国家公园管理的权利，提出了"社区共管"的原住民参与管理模式。注重公众参与是英国国家公园建设的重要理念，"合作伙伴"是公众参与国家公园事务的一种重要方式，它强调以合作为前提的利益共享和风险共担。日本的国家公园主要为公众提供游憩教育功能，随着旅游利用与环境保护矛盾的日益凸显，民众对修复旅游负面影响的呼声渐高，国家公园管理局试图通过引入公众参与的方式，缓解因旅游产业发展而出现的资源过度利用等问题。

根据《建立国家公园体制总体方案》，长城国家文化公园采取国家主导、共同参与的模式，它要求建立健全政府、企业、社会组织和公众共同参与国家公园保护管理的长效机制，探索社会力量参与自然资源管理和生态保护的新模式，培养国家公园文化，传播国家公园理念，彰显国家公园价值。

第三章
长城国家文化公园建设和保护中
参与的社会力量类型

国家文化公园是由国家批准设立并主导管理，以保护具有国家代表性的文物和文化资源，传承、弘扬中华民族文化精神、文化信仰和价值观为主要目的，实施公园化管理经营的特定区域。国家文化公园建设必须将文化遗产的保护、发掘和研究、阐发放在首位，坚持保护优先、抢救性与预防性保护并重。长城国家文化公园跨越多个省区市，公园内文化遗产类型丰富、数量庞大、分布分散、权属复杂、保存状况和利用条件不一，而且各地地理环境和社会经济发展条件并不相同，同时也涉及多个部门、多个行业、众多社区居民和相关利益群体。国家文化公园的价值可以分为本体价值和衍生价值，本体价值包括历史文化价值、科学价值、艺术价值；衍生价值包括社会价值、经济价值、文化价值、环境价值。长城国家文化公园具有多种功能，不仅包括文化遗产的保护传承功能、宣传教育功能、科研功能、游憩功能，也包括长城区域范围内乡村地区的发展功能。长城国家文化公园目前划分为管控保护区、主题展示区、文旅融合区、传统利用区四类主体功能区，其中后三类区域均可开展参观游览和文化体验活动，为基于文旅融合的社区发展带来契机。长城国家文化公园作为国家重大文化工程，对于长城世界文化遗产的保护、传承和利用具有重要意义，参与的社会力量分析是文化公园建设的重要内容。本研究围绕长城国家文化公园建设的定位、功能和建设目标，结合利益相关者理论和托马斯定理的分析框架，确定参与的利益相关者和其他相关社会力量。

第一节　长城国家文化公园建设和保护中
社会力量的识别

长城国家文化公园虽然不同于国家公园，但它们都有着国家和公园的属性，有很多可以互相借鉴的内容。对于多元社会力量的识别，本研究借鉴国家公园利益相关者识别方法，确定长城国家文化公园建设和实施的核心力量、重要力量、次级力量（共建共享群体）以及一般力量四个层级。

第一，长城国家文化公园参与的社会力量类型界定。本研究在分析长城国家文化公园的相关利益方以及相关联的社会群体过程中，主要采用的理论基础和分析技术为利益相关者理论和托马斯定理。已有的研究表明，利益相关者理论较好地兼顾了社会、经济、环境的各个方面，并且在一定程度上可以促进社会的可持续发展，因而其相关分析视角已经较好地应用于社会可持续发展研究的各个方面。长城国家文化公园建设中利益群体的识别需要思考两个方面：一是利益相关者在长城国家文化公园建设中的利益；二是利益相关者在长城国家文化公园建设中的影响力。通过头脑风暴、焦点小组、专家咨询、文献研究、实践经验总结等方法，围绕长城国家文化公园建设的目标、内容和范围，对参与的公众类型、与长城文化资源的关联情况、参与的内容、参与的意愿、参与的影响力和参与度、重要性等方面进行分析；另外，也要分析他们在长城国家文化公园建设中受到的影响、重要性如何、参与动机是什么等。长城国家文化公园作为公共文化服务空间，代表着公共利益，承载着公众的期望。托马斯认为可以从两个方面思考特定政策问题上的相关公众：一是能够提供对解决问题有用的信息；二是通过接受决策或者促进决策执行，进而影响决策。他们既包括一系列团体组织，如传统的利益集团、消费者、环境保护团体、其他公共利益团体、居民团体、咨询委员会，也包括还没有组织起来的、但在特定问题上享受利益的公民群体。在具体界定相关公众的方法上，采用由管理者引导的自上而下的方法（top-down approaches）和来源于公众的自下而上（bottom-up approaches）的方法。[①]

本研究基于利益相关者理论的指导和托马斯定理中的分析框架来分析长城国家文化公园参与的社会力量类型（见图3-1）。一是通过自上而下的技术，由相关领域的政府部门和专家学者进行研判确定。研究团队采用非结构访谈的方法，与相关领域的专家学者进行访谈，如政府层面管理者（包括文物局、文旅局等单位负责人）、各区县文管所、北京长城沿线文物保护管理部

① 托马斯.公共决策中的公民参与 [M].孙柏瑛，等译.北京：中国人民大学出版社，2010：37-43.

门专家（管理处室、副局长以及一线管理者）、长城修缮设计施工方面的专家、历年参与北京长城抢险保护项目的设计和施工单位负责人、文保方面的专家、文化产业规划专家以及高校文物保护遗产院和历史文化研究者等进行访谈，分析研判长城国家文化公园建设中关联群体的类型，界定出长城国家文化公园社会参与的多元力量。二是本研究采取自下而上的技术方法，通过基层乡镇社区层面的调研，将焦点小组座谈会、面对面访谈等方式相结合，调研村委会成员、长城保护员和普通村民，以及村庄内的外来经营者，分析社区层面参与长城国家文化公园建设和实施的力量群体。本研究在焦点小组访谈中，以头脑风暴的方法，由参与力量界定自己的参与角色，同时挖掘潜在的参与力量，罗列出长城国家文化公园建设参与的社区力量：村两委、长城保护员（长城保护的职业力量）、村里的党员、村里精品民宿（或酒店）的经营者和本地农户经营者（包括民宿和经营产品的农户）、志愿者队伍、一般农户等。

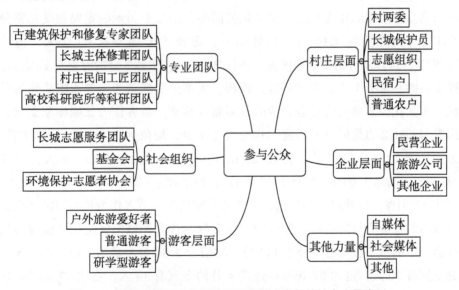

图 3-1　长城国家文化公园建设和保护中参与的社会力量类型

第二，长城国家文化公园参与的社会力量重要性排序。本研究也利用李克特量表，由被调查者从 5、4、3、2、1 五个分值中选取一个对应的数值，参与群体获得的总分就是调研对象所理解的重要程度，并对其进行排序和层次划分。

一是专家打分的形式。专家学者基于实践经验和相关的学术研究，对参与的群体进行主观判断，依据参与的重要程度对其进行打分，以计算总分和均值的方式，排列出社会力量在长城国家文化公园建设和实施中的重要性次序。本次共邀请 37 名行业内专家学者参与打分。专家认为，长城附近的村庄和村民作为长城国家文化公园参与的社会力量，其总得分为 167 分，均值为4.51 分。具体来看，选择 5 分的专家有 25 人，占比 67.57%；选择 4 分的专家有 8 人，占比 21.62%；选择 3 分和 2 分的专家各有 2 人，分别占参与调研总人数的 5.41%。因此可以判断出，大部分专家认为，长城附近的村庄和村民作为长城国家文化公园参与的社会力量的重要程度很高。社会组织作为参与长城国家文化公园建设保护实施的社会力量的重要程度总得分为 154 分，均值为 4.16 分。具体来看，选择 5 分的专家有 16 人，占比 43.24%；选择 4分的专家有 11 人，占比 29.73%；选择 3 分的专家有 10 人，占比 27.03%。因此可以判断出，社会组织作为长城国家文化公园参与的社会力量的重要程度较高。专业团队作为长城国家文化公园参与的社会力量的重要程度总得分为 172 分，均值为 4.65 分。具体来看，选择 5 分的专家有 27 人，占比72.97%；选择 4 分的专家有 8 人，占比 21.62%；选择 3 分的专家有 1 人，选择 2 分的专家有 1 人。因此可以判断出，大部分专家认为，专业团队作为长城国家文化公园参与的社会力量的重要程度很高。游客作为长城国家文化公园参与的社会力量的重要程度总得分为 131 分，均值为 3.54 分。具体来看，选择 5 分的专家有 8 人，占比 21.62%；选择 4 分的专家有 9 人，占比24.32%；选择 3 分的专家有 15 人，占比 40.54%；选择 2 分的专家有 5 人，占比 13.51%。因此可以判断出，大部分专家认为，游客作为长城国家文化公园参与的社会力量的重要程度一般。社会资本作为长城国家文化公园参与的社会力量的重要程度总得分为 142 分，均值为 3.84 分。具体来看，选择 5 分的专家有 10 人，占比 27.03%；选择 4 分的专家有 14 人，占比 37.84%；选择 3 分的专家有 10 人，占比 27.03%；选择 2 分的专家有 3 人，占比 8.11%。因此可以判断出，大部分专家认为，社会资本作为长城国家文化公园参与的社会力量的重要程度较高。媒体作为长城国家文化公园参与的社会力量的重要程度总得分为 156 分，均值为 4.22 分。具体来看，选择 5 分的专家有 17人，占比 45.95%；选择 4 分的专家有 13 人，占比 35.14%；选择 3 分的专家有 5 人，占比 13.51%；选择 2 分的专家有 2 人，占比 5.41%。因此可以判断出，大部分专家认为，媒体作为长城国家文化公园参与的社会力量的重要程度很高。

以上研究结果表明，专家认为长城国家文化公园参与的社会力量按重要程度的综合排序为：第一位为相关的专业团队（如古建筑修缮和施工团队）；第二位为长城附近的村庄和村民；第三位为媒体（包括官方媒体和自媒体）；第四位为社会组织（如长城小站）；第五位为社会资本（如民宿和酒店）；第六位为游客群体。

二是长城沿线村民对村庄内参与力量的排序。村民按照参与长城国家文化公园建设的社区力量的重要程度进行打分排序，最重要为 5 分，一般重要为 1 分，得分最高者为最重要。本次排序打分共邀请村民 19 人，由他们按照主观判断，对村庄场域内参与长城国家文化公园的力量进行排序。村两委作为长城国家文化公园参与的社会力量的重要程度得分为 93 分，均值为 4.89分。具体来看，选择 5 分的村民有 18 人，占比 94.74%；选择 3 分的村民有 1人。因此可以判断出，绝大部分村民认为，村两委作为长城国家文化公园参与的社会力量的重要程度非常高。长城保护员作为长城国家文化公园参与的社会力量的重要程度总得分为 94 分，均值为 4.95 分。具体来看，选择 5 分的村民有 18 人，占比 94.74%；选择 4 分的村民有 1 人。因此可以判断出，村民均认为，长城保护员作为长城国家文化公园参与的社会力量的重要程度非常高。村里的党员作为长城国家文化公园参与的社会力量的重要程度得分为91 分，均值为 4.79 分。具体来看，选择 5 分的村民有 18 人，占比 94.74%；选择 4 分的村民有 2 人，占比 10.53%；选择 3 分的村民有 1 人，占比 5.26%。因此可以判断出，大部分村民认为，村里的党员作为长城国家文化公园参与的社会力量的重要程度很高。村里精品民宿（酒店）的经营者作为长城国家文化公园参与的社会力量的重要程度总得分为 91 分，均值为 4.79 分。具体来看，5 分的有 17 人，占比 89.47%；3 分的有 2 人，占比 10.53%。因此可以判断出，大部分村民认为，村里精品民宿（或酒店）的经营者作为长城国家文化公园参与的社会力量的重要程度非常高。本地农户经营者（包括民宿和经营产品的农户）作为长城国家文化公园参与的社会力量的重要程度得分为 92 分，均值为 4.84 分。具体来看，选择 5 分的村民有 16 人，占比84.21%；选择 4 分的村民有 3 人，占比 15.79%。因此可以判断出，大部分村民认为，本地农户经营者（包括民宿和经营产品的农户）作为长城国家文化公园参与的社会力量的重要程度很高。志愿者队伍作为长城国家文化公园参与的社会力量的重要程度得分为90分，均值为4.74分。具体来看，选择5分的村民有15人，占比78.95%；选择4分的村民有3人，占比15.79%；选择3分的村民有1人，占比5.26%。因此可以判断出，大部分村民认为，志愿者队伍作为长城国家文化公园参与的社会力量的重要程度很高。一般农户作为长城国家文化公园参与的社会力量的重要程度得分为89分，均值为4.68分。具体来看，选择5分的村民有16人，占比84.21%；选择4分的村民有1人；选择3分的村民有1人；选择2分的村民有1人。因此可以判断出，大部分村民认为，一般农户作为长城国家文化公园参与的社会力量的重要程度很高。

以上调研结果显示，村民认为长城国家文化公园参与的社会力量按重要程度的综合排序为：第一位是长城保护员，是属地长城保护的重要职业力量；第二位为村两委，是长城属地保护的基层组织力量；第三位为本地农户经营者（包括民宿和经营产品的农户），作为长城保护的本土经营力量；第四位为村里的党员，是长城保护的示范榜样；第五位为村里精品民宿（或酒店）的经营者，是在村庄中经营的外来资本；第六位为志愿者队伍，是具有公益服务精神的群众力量；第七位为一般农户，是一般的群众力量。

基于上述调查研究结果，研究团队成员也针对此问题随机访谈了游客和一般公众，力求综合多方建议，对参与群体有较为全面的研判。另外，研究团队也结合《长城国家文化公园保护规划》中重点建设管控保护、主题展示、文旅融合、传统利用四类主体功能区分类，以及长城文物和文化资源保护传承、长城精神文化研究发掘、环境配套设施的内容要求，综合分析参与群体的重要程度，并对其进行层级上的划分。

第三，长城国家文化公园参与的利益相关者群体类型。由于长城国家文化公园的建设和实施处于起步阶段，还需要相当数量的学术研究和实践探索。公众参与的相关内容，也是基于多年来对长城保护相关经验的总结，以及综合相对成熟的国家公园建设实践的经验，尤其是国内外在国家公园建设中关于利益相关者群体的研究。本研究遵循与长城国家文化公园建设的关联程度，将多元社会力量按类别划分为以下几个类型。

核心力量群体，主要是指长城文化带附近的村庄（村民）和长城保护的专业团队。核心力量群体是指在长城国家文化公园建设和实施中有直接关联的利益群体。一是直接的经济利益关联。长城文化带附近的村庄，本身就是长城国家文化公园物理空间范围内的重要组成部分，村庄场域内的原住民以及经营者是重要的经营利益相关者，他们会在长城国家文化公园建设和实施中获取经济收入。特许经营者（包括景区经营者和旅游经营者）、民俗户和其他产品经营者等，在长城国家文化公园建设和实施中处于核心位置。普通农户虽然没有直接参与经营，但也通过长城国家文化公园建设而产生的相关就业机会，以及利用公园空间资源从事日常生产、生活等活动，成为核心利益群体中相对重要的参与人群。长城国家文化公园的建设必然会给村庄的基础设施、生态环境以及文化空间带来改变，村庄和村民必定是直接的受益群体；二是直接参与长城修缮和研究的各类型专业团队（古建筑修缮和施工团队、相关文化遗产领域的专家学者等）。长城为抵御外族的侵略而建造，成为中国古代重要的防御建筑工程，不仅呈现出精湛的工程技术和工程组织能力，也是中国古代建筑技术与艺术水平的重要标志。长城的建造与维护，对于中国古代经济和文化的发展也带来了巨大的影响，同时产生了重要的文化遗产价值。长城国家文化公园的建设规划，将长城文化作为核心资源，又将空间资源扩大到长城周边的区域，使更多元、更丰富的物质和非物质文化资源被整合进来。鉴于长城建造的复杂性及其衍生出的多元价值，不同学科和领域的专家学者在长城的研究、保护和修缮中成为重要的参与者和贡献力量。在长城文化带和国家文化公园的规划建设背景下，长城从原来抢救性维修到研究保护性修缮力度进一步加大。同时，长城多元价值的挖掘和阐释，文物的活化利用以及长城精神的传承和弘扬需要更多的专业团队加入，如高校和研究所等科研团队、考古专业团队、古建筑保护和修复专业团队等。2019 年 1 月，文化和旅游部、国家文物局联合印发《长城保护总体规划》，指出要"开展大型线性遗产保护、管理、监测、展示、开放等理论"方面的研究工作，因此，专业团队的参与对研究、保护和修缮工作来说非常重要，这也是国家文化公园不同于国家公园的地方：既要保护自然生态环境，也要保护人类的文化遗产。长城国家文化公园的建设就是更好地实现长城作为超大型线性文化遗产的价值阐释、文化精神弘扬，以及促进区域社会发展的重要举措。

重要的参与力量，主要是指参与长城国家文化公园建设的各类社会组织（志愿者队伍、基金会和各类公益组织等）。社会组织是以服务和促进公共利益为宗旨，以非营利为目的，以独立运作为标志，由社会个人、群体和机构自愿组成的非政府主导的组织。目前参与长城保护的知名社会组织，如长城小站和国际长城之友协会，都是由一群热爱长城、致力于保护长城的人士组成，他们有明晰的组织目标、一定的组织机构、一定数量的参与成员，发挥其组织专业的能力，组织各类专业背景的志愿者，规划设计各类可以参与的保护项目，链接社会资源。从最初捡拾长城周边的垃圾以维护生态环境，延缓和规避生态环境恶化对长城的影响，到时刻监督破坏长城的工程和游客行为等，再逐步扩展到科学和专业的深度参与，包括对全国长城资源的摸底评估和建立数据库，为国家相关部门以及长城研究者提供可参考的资料。目前这些社会组织更是扩大参与领域，与社区、学校和专业力量合作开展各类研究、保护和宣传项目，为长城保护贡献力量。长城国家文化公园是比长城文化带更广阔的空间场域，除了长城本体的保护、价值阐释，还承载更丰富、更多元的公共文化服务内涵，需要更多类型的社会组织参与。

次级的参与力量，主要是指各类型的长城游客。游客在长城国家文化公园的建设和实施中，既是服务的目标群体，也是重要的参与群体。游客在长城国家文化公园内近距离接触长城，实地感知和了解长城文化，是探索长城文物和文化资源保护、传承、利用的新路径。2021年8月印发的《长城国家文化公园建设保护规划》和2022年4月印发的以文旅融合、交通与文旅融合为代表的各专项规划中，明确提出建设复合廊道体系，以"主体化、网络状、'快旅慢游'"为原则，从国家层面和省级层面打造融交通、文化、体验、旅游于一体的复合廊道。为了更好地推进文化和旅游的深度融合，以长城国家文化公园主题展示区为依托，打造跨区域长城沿线经典线路，完善提升沿线的交通基础设施，通过旅游公路、骑行道、步行道等串联长城文物和文化遗产，这些建设目标都是让游客能够更好地体验长城文化。长城国家文化公园以满足社会公众文化需求、打造提升人民生活品质的文化体验空间为目标。因此，游客参与建设和实施的行为不仅意味着对长城国家文化公园的保护，他们的体验和需求建议，也是长城国家文化公园建设的目标。

一般力量（其他的社会大众），主要是指那些潜在的游客或者其他社会人员。长城国家文化公园是国家层面的公共文化空间建设，每一个人都有参与的权利。潜在的游客或者其他社会人员尽管不是直接的参与者，但在数字化和信息化迅速发展的时代，他们也可以通过多元途径关注和参与感兴趣的领域。人们不必现场参与和感知，通过互联网就可以了解长城国家文化公园建设和实施的相关情况，通过观看、点赞、评论、留言互动、邮件等形式参与其中。

第二节　长城国家文化公园建设和保护中利益相关者的互动关系

长城国家文化公园是一个社会生态文化系统，是一个社会文化和自然生态和谐共生的公共文化空间。文化生态学认为①，不同民族的居住地、环境、先前的社会观念、现实生活中流行的新观念以及社会、社区的特殊发展趋势等，都为文化的产生和发展提供了特殊的、独一无二的场合和情境。文化生态学的理论视角要求人们在进行文化的发展和创造时，需要考虑人类、科学技术、社会组织、经济体制、价值观念和自然环境所构成的文化综合体的各种变量关系。长城国家文化公园的构成要素不仅有以长城文化为核心的系列资源，还包括物理空间范围内的自然生态的要素，同时，不同省、自治区、直辖市的多个长城沿线村庄，也是多元社会文化呈现的社会空间。另外，系统内部多个要素之间相互关联，如主导国家文化公园建设的政府部门，他们在政策制度、项目资金和各类资源方面提供了保障；公园内部村庄和村民作为构成部分都是国家文化公园建设不可或缺的力量。而外部系统要素，如游客群体、社会组织、特许经营者、各类专业力量，通过各种形式参与系统内部，共同缔造长城国家文化公园的良性运行和发展，实现其长城保护、文化传承和可持续发展的建设目标（见图3-2）。因此，长城国家文化公园的建设和实施过程中，存在着多个主要利益相关者，包括政府部门、当地居民、旅游从业者、文化遗产保护机构等，他们之间的互动关系对于公园的可持续发展至关重要。

以下是对主要利益相关者互动关系的分析。

1. 政府部门对其他参与力量的引导和推动作用

政府部门代表公信力和公共权威，其顶层设计和规划起到整合公园建设各个要素的作用，在长城国家文化公园建设和实施中扮演着重要的方向引领

---

① 涂同明. 生态文明建设知识简明读本. 知识篇［M］. 武汉：湖北科学技术出版社，2013：131-132.

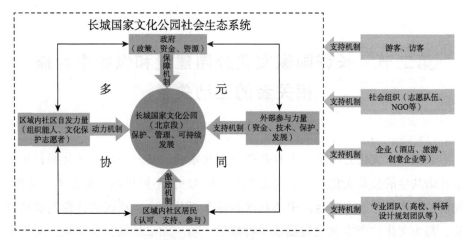

图 3-2 利益相关者的关系

者和项目推动者的角色，负责制定政策和规划，提供资金和资源支持。长城国家文化公园的建设，首先需要多部门的共同参与和协同合作，而且是以合力的方式共同促进建设；其次，各政府部门需要从理念和行动上接纳社会力量在不同层面的参与，能够以构建合作伙伴关系的思路与其他利益相关者进行沟通和协商，共同制定公园管理的政策和措施，在制度设计层面实现公众的参与；最后，在长城国家文化公园建设和发展的过程中，各级管理部门和基层单位保持沟通顺畅，以邀请参与的方式，将相关利益方整合到治理体系中，保证多元力量参与的权利和路径，确保长城国家文化公园的可持续发展和文化遗产资源的保护和传承。

2. 多元力量共同助力公园内村庄和村民参与，实现共建共治共生

长城国家文化公园的实体建设关联很多村庄，当地居民是长城国家文化公园重要的利益相关者，他们生活在公园场域内，是公园建设的重要本土力量，对公园建设和旅游活动的直接影响最大。他们需要参与建设保护和实施运营过程，表达自己的意见关切和行动参与，并从中受益。同时，公园建设和旅游活动也会对当地居民的生产生活环境造成影响，因此需要与他们进行有效的沟通和协商，确保他们的权益得到充分保护。但是，村庄和村民自身的参与和发展能力有限，需要多元力量共同助力，实现当地村庄和村民与长城国家文化公园的共建共治共享关系。

3. 旅游业者的参与促进了长城国家文化公园的建设

旅游业者是长城国家文化公园的经营者和服务提供者，他们的利益直接

与公园的发展和运营相关。他们需要与政府部门合作，获得相关许可和支持，同时也需要与当地居民进行合作，确保旅游活动有利于当地经济和社区的发展，并避免对环境造成负面影响。与文化保护机构进行合作，基于文化保护机构的专业挖掘和文化阐释，打造特色旅游产品，既可以提升旅游产品和服务的吸引力，也能促进长城文化遗产的保护和传承。长城国家文化公园的文旅融合主体功能区建设，为旅游从业者参与提供了重要的场域和功能要求，对长城文化的保护、利用和传承具有重要的促进作用。

4. 文化遗产保护机构提供了专业方面的支持

长城国家文化公园的建设和实施涉及文化遗产的保护和传承，文化遗产保护机构在其中发挥着重要的作用。文化遗产保护机构多种多样，包括全球的、国家层级的和各地方的机构和组织。作为文化遗产保护和传承的重要组织机构，它们需要与各级政府部门、旅游业者以及其他参与力量合作，制定文化保护的政策和措施，并提供专业知识和技术支持。与当地居民的合作也能促使长城文化遗产的社区参与和传承。

对于利益相关者互动关系的实现，一是要建立结构体系，围绕长城国家文化公园建设的目标，各利益相关者建立互动的结构体系，保证公园建设的有序。二是要重视利益相关者之间的沟通、协商和合作。各方需要共同参与决策和规划过程，表达各自的意见和需求，并积极寻求共赢的解决方案。三是建立完善的监管和约束机制，确保各方遵守规则和承担责任，促进长城国家文化公园建设保护实施的可持续发展。

第四章
长城国家文化公园建设和保护中社会力量的参与现状

第一节 村庄层面参与长城国家文化公园建设和保护的现状

一、村民对长城国家文化公园建设和保护的认知情况

（一）村民对长城有关历史事件的了解程度

长城国家文化公园建设和保护研究的村民问卷在北京石峡村、北沟村和慕田峪村三个村庄完成。从上一章节的村庄简介可知，三个村都有非常有特色的长城段。在关于长城历史事件的调研中，从被调查者对长城相关历史事件的了解程度可以看到，参与调研的村民中有 145 人对长城有关的历史事件了解一点，占调研总数的 70.4%；完全了解的被调查者只有 43 人，占调研总数的 20.9%；18 人表示完全不了解，占 8.7%（见表 4-1）。

表 4-1 被调查者对长城历史事件的了解程度

		频率	百分比（%）	有效百分比（%）	累计百分比（%）
了解程度	完全了解	43	20.9	20.9	20.9
	了解一点	145	70.4	70.4	91.3
	完全不了解	18	8.7	8.7	100
	总计	206	100	100	

（二）村民了解长城相关知识的来源

从被调查者了解长城历史知识的来源来看（见表 4-2），占比前三位的分别是家里人、村里其他人和媒体（电视、手机、报纸等），人数分别为 94 人、

86 人和 77 人，占比分别为 46.5%、42.6% 和 38.1%。其次是来自村委会的 69 人，占调研人数的 34.2%；亲自参观的有 65 人，占调研总数的 32.2%；46 人选择来自书本，占调研总数的 22.8%；18 人选择来自学校，占调研总数的 8.9%。由此可见，村民对于长城相关知识的了解还是通过口口相传的方式，这也与村庄的生活方式有关，信息流动和传播的主要渠道为人际传播，村民们在日常交往互动中进行信息的交流和传递，尤其是村庄范围内的长城故事，呈现代际相传的特点。

表 4-2　被调查者对长城知识的了解来源

			频率及占比	
			个案数	百分比（%）
了解来源		村委会	69	34.2
		家里人	94	46.5
		村里其他人	86	42.6
		书本	46	22.8
		亲自参观	65	32.2
		媒体（电视、手机、报纸等）	77	38.1
		学校	18	8.9
		其他	7	3.5
有效填写人数			206	

不同村庄的被调查者了解长城历史知识的来源比较如图 4-1 所示。石峡村、北沟村和慕田峪村的被调查者了解长城历史的来源排名前三位的是：对于石峡村，村委会和家里人分别占 58.3%、村里其他人占 50%；对于北沟村，家里人占 43%、媒体占 40.5%，村里其他人占 35.4%；对于慕田峪村，村里其他人占 44.4%、媒体和家里人各占 41.3% 和 39.7%。关于其他来源，书本、亲自参观、学校和其他几个来源的分布趋势一致，但是村委会、家里人和媒体三个来源的趋势有较大差异。如石峡村大多数人选择来自村委会和家里人，北沟村大多数人选择家里人和媒体，慕田峪村则集中在村里其他人、媒体和家里人。由此可见，不同的村庄对于长城保护的情况不同，产生的效果也不同。石峡村范围内的长城虽然不是景区，没有景区的运营管理模式，但是拥

有长城的重要点段，有流传较广的长城故事，村委会在长城保护方面也非常重视。北沟村经营的民宿具有国际知名度，媒体宣传较多。慕田峪村本身坐落在景区内，其被调查者了解长城相关知识的渠道会更广泛。

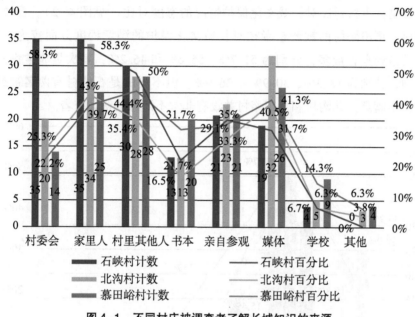

图4-1　不同村庄被调查者了解长城知识的来源

二、村民对长城文化保护情况的满意度

一是所有参与调研的村民对长城文化保护的总体态度。村民对长城文化保护的满意情况如表4-3所示。有106人表示满意，占调研总数的51.5%；

表4-3　被调查者对长城文化保护情况的满意度

		频率	百分比（%）	有效百分比（%）	累计百分比（%）
满意程度	非常满意	60	29.1262	29.1262	29.1262
	满意	106	51.4563	51.4563	80.5825
	一般	36	17.4757	17.4757	98.0582
	不满意	2	0.9709	0.9709	99.0291
	非常不满意	2	0.9709	0.9709	100
	总计	206	100	100	

有60人认为非常满意,占比为29.1262%。这意味着从村民视角看,目前对长城文化的保护很好,态度为满意以上的被调查者占80.5825%,而不满意和非常不满意的被调查者分别有2人,各占调研总人数的0.9709%。

二是样本村村民对长城文化保护情况的态度对比(见图4-2)。石峡村、北沟村、慕田峪村的被调查者在对长城文化保护的满意程度方面较为一致,满意的被调查者最多,分别为51.7%、55.6%和46.2%;其次是非常满意这一选项,分别为18.3%、30.9%和36.9%。但不同的是石峡村有两名被调查者非常不满意,北沟村和慕田峪村并没有非常不满意的被调查者。

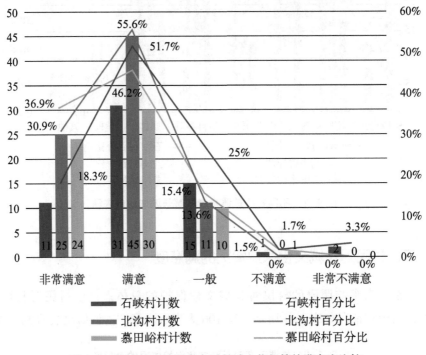

图4-2 不同村庄被调查者对长城文化保护的满意度比较

三是不同年龄段村民对目前长城文化保护的态度(见表4-4)。不同年龄的村民在满意情况方面,存在一些差异。在小于18岁这一年龄阶段(3人参与调研),持满意和一般态度的村民分别有1人和2人,占此年龄段参与调研对象的33.3%和66.7%。18—30岁的村民(18人参与调研)对目前长城文化保护的满意度情况为:非常满意的村民6人,占比33.3%;满意的村民8人,占比44.4%;满意度一般的村民有4人,占比22.2%。31—45岁(参与调研

30 人）的村民中，表示非常满意的有 13 人，占比 43.3%；表示满意的村民有 16 人，占比 53.3%；表示一般的村民有 1 人，占比 3.3%。46—60 岁（参与调研 78 人）的村民表示满意的有 41 人，占比 52.6%；非常满意有 21 人，占比 26.9%；表示一般的村民有 16 人，占比 20.5%。大于 61 岁（参与调研 77 人）的村民选择满意的数量与上一年龄段的数值相近，有 40 人，占比 51.9%；非常满意的有 20 人，占比 25.97%；一般的有 13 人，占比 16.9%；不满意和非常不满意的各有 2 人，分别占调研总数的 2.6%。由此可见，18—30 岁的村民选择满意以上的占 77.7%；31—45 岁的村民选择满意以上的占 96.6%；46—60 岁的村民选择满意以上的占 79.5%；大于 61 岁的村民选择满意以上的占 77.9%。

表4-4　不同年龄段村民对目前长城文化保护的满意度

| | | | 您对目前长城文化保护的情况满意吗 | | | | | 总计 |
			非常满意	满意	一般	不满意	非常不满意	
年龄	小于18岁	计数	0	1	2	0	0	3
		占年龄的百分比	0%	33.3%	66.7%	0%	0%	
		占满意度的百分比	0%	0.9%	5.6%	0%	0%	
		占总数的百分比	0%	0.5%	1%	0%	0%	1.5%
	18—30岁	计数	6	8	4	0	0	18
		占年龄的百分比	33.3%	44.4%	22.2%	0%	0%	
		占满意度的百分比	10%	7.5%	11.1%	0%	0%	
		占总数的百分比	2.9%	3.9%	1.9%	0%	0%	8.7%
	31—45岁	计数	13	16	1	0	0	30
		占年龄的百分比	43.3%	53.3%	3.3%	0%	0%	
		占满意度的百分比	21.7%	15.1%	2.8%	0%	0%	
		占总数的百分比	6.3%	7.8%	0.5%	0%	0%	14.6%
	46—60岁	计数	21	41	16	0	0	78
		占年龄的百分比	26.9%	52.6%	20.5%	0%	0%	
		占满意度的百分比	35%	38.7%	44.4%	0%	0%	
		占总数的百分比	10.2%	19.9%	7.8%	0%	0%	37.9%

续表

			您对目前长城文化保护的情况满意吗					总计
			非常满意	满意	一般	不满意	非常不满意	
年龄	大于61岁	计数	20	40	13	2	2	77
		占年龄的百分比	26%	51.9%	16.9%	2.6%	2.6%	
		占满意度的百分比	33.3%	37.7%	36.1%	100%	100%	
		占总计的百分比	9.7%	19.4%	6.3%	1%	1%	37.4%
总数		计数	60	106	36	2	2	206
		占总数的百分比	29.13%	51.45%	17.48%	0.97%	0.97%	100%

四是不同性别的村民对目前长城文化保护的满意情况（见表4-5）。对不同性别的村民满意情况进行分析，发现男性被调查者和女性被调查者中满意人数均为最多，其次是非常满意和一般两种程度。男性被调查者中，满意的有48人，占总人数的23.3%；非常满意的有30人，占比14.6%；一般的有17人，占比8.3%；不满意和非常不满意的各有1人，分别占比0.5%。女性被调查者中，满意的有58人，占比28.2%；非常满意的有30人，占比14.6%；一般的有19人，占比9.2%；不满意和非常不满意的各有1人，分别占比0.5%。

表4-5 不同性别对目前长城文化保护的满意情况

			您对目前长城文化保护的情况满意吗				
			非常满意	满意	一般	不满意	非常不满意
性别	男	计数	30	48	17	1	1
		占性别的百分比	30.9%	49.5%	17.5%	1%	1%
		占满意度的百分比	50%	45.3%	47.2%	50%	50%
		占总数的百分比	14.6%	23.3%	8.3%	0.5%	0.5%
	女	计数	30	58	19	1	1
		占性别的百分比	27.5%	53.2%	17.4%	0.9%	0.9%
		占满意度的百分比	50%	54.7%	52.8%	50%	50%
		占总数的百分比	14.6%	28.2%	9.2%	0.5%	0.5%

续表

		\multicolumn{5}{c}{您对目前长城文化保护的情况满意吗}
		非常满意	满意	一般	不满意	非常不满意
总数	计数	60	106	36	2	2
	占总数的百分比	29.1%	51.5%	17.5%	1%	1%

三、村民对长城保护的认知和态度

一是村民对长城段落保护的态度（见表4-6）。在对长城段落保护的态度调查方面，154人认为应该全部保护，占调研总数的74.76%；50人认为可以根据重点段分布情况进行分段保护，占调研总数的24.27%；只有2人认为无所谓，占调研总数的0.97%。

表4-6　村民对长城段落保护的态度

		频率	百分比（%）	有效百分比（%）	累计百分比（%）
保护态度	全部保护	154	74.76	74.76	74.76
	分段保护	50	24.27	24.27	99.03
	无所谓	2	0.97	0.97	100
	总计	206	100	100	

二是村民参与长城保护相关活动的情况（见表4-7）。在所有被调查者中大部分人参加过长城保护的相关活动，有145人，占调研总人数的70.4%；61人没参加过长城保护的相关活动，占调研总人数的29.6%。

表4-7　村民参与长城保护相关活动的情况

		频率	百分比（%）	有效百分比（%）	累计百分比（%）
是否参加	参加过	145	70.4	70.4	70.4
	没有参加过	61	29.6	29.6	100
	总计	206	100	100	

三是村民对公众在长城保护方面提出要求和建议的认知（见表4-8）。有175人（占调研总数的85%）认为公众应该对长城保护提出要求和建议；认

为公众不应该提出要求和建议的只有 12 人，占调研总人数的 5.8%；还有 19 人态度比较模糊，表示不知道，占调研总人数的 9.2%。

表4-8　村民对公众在长城保护方面提出要求和建议的认知

		频率	百分比（%）	有效百分比（%）	累计百分比（%）
是否应该	应该	175	85	85	85
	不应该	12	5.8	5.8	90.8
	不知道	19	9.2	9.2	100
	总计	206	100	100	

四是村民对破坏长城行为的认知（见表4-9）。163 名被调查者表示，如果看到有破坏长城的行为时会选择友好劝阻，占调研总人数的 79.1%；36 人（占调研总数的 17.5%）表示会向相关人员反映，仅有 2.4% 和 1% 的调研对象表示看不惯但不会干预和不予理睬。绝大多数村民看到破坏长城的行为时都会进行干预。

表4-9　村民对破坏长城行为的反应

		频率	百分比（%）	有效百分比（%）	累计百分比（%）
行为方式	友好劝阻	163	79.1	79.1	79.1
	向相关人员反映	36	17.5	17.5	96.6
	看不惯但也不干预	5	2.4	2.4	99
	不予理睬	2	1	1	100
	总计	206	100	100	

五是村民对当前长城保护面临的问题的认知（见表4-10）。关于被调查者对当前长城保护面临的问题的看法，认为公众重视程度不够的村民有 94 人，占调研总数的 45.9%；有 80 人认为长城面临的问题是缺乏有效的保护机制，占调研总数的 39%；有 73 人认为社会力量参与不够，占调研总数的 35.6%；有 68 人认为缺少专项资金的投入，占调研总数的 33.2%；60 人认为政府执行力度不够，占调研总数的 29.3%。另外，各有 43 人（各占调研总数 21%）认为缺少科学合理的整体规划和对外宣传不到位是长城保护面临问题的主要原因。

表4-10　村民对当前长城保护面临的问题的认知

		频率及占比	
		个案数	百分比（%）
面临问题	公众重视度不够	94	45.9
	缺乏有效的保护机制	80	39
	缺少资金投入	68	33.2
	政府执行力度不够	60	29.3
	社会力量参与不够	73	35.6
	缺少科学合理的整体规划	43	21
	对外宣传不到位	43	21
	其他	7	3.4
有效填写人数		206	

六是村民对长城保护中多元主体的重要性排序（见表4-11-1、表4-11-2、表4-11-3）。参与调研的村民认为长城保护有三个主体：政府、当地居民和社会相关组织。按主体重要性排名第一的是政府，超过半数的被调查者在主体重要顺序中将政府的规划与管理排在第一位，共有135人，占比65.534%。对于主体重要性第二位和第三位的选择区别不明显。对于当地居民的参与和社会相关组织的参与，选择人数和占比完全相同。由此不难看出，被调研村民更习惯由政府安排的自上而下被动式参与模式。这也是传统的管理模式形成的思维定式，凡事由政府主导，其他群体处于配合和从属地位。

表4-11-1　当地居民的参与重要性排序

		频率	百分比（%）	有效百分比（%）	累计百分比（%）
排序	第一位	36	17.5	17.5	17.5
	第二位	80	38.8	38.8	56.3
	第三位	90	43.7	43.7	100
	总计	206	100	100	

表4-11-2 政府规划与管理的重要性排序

		频率	百分比（%）	有效百分比（%）	累计百分比（%）
排序	第一位	135	65.534	65.534	65.534
	第二位	45	21.845	21.845	87.379
	第三位	26	12.621	12.621	100
	总计	206	100	100	

表4-11-3 社会相关组织的重要性排序

		频率	百分比（%）	有效百分比（%）	累计百分比（%）
排序	第一位	36	17.5	17.5	17.5
	第二位	80	38.8	38.8	56.3
	第三位	90	43.7	43.7	100
	总计	206	100	100	

四、村民对参与长城国家文化公园建设和保护的重要力量的认知

一是参与调研的村民的总体认知。对于参与长城国家文化公园建设和保护的多元主体中，被调查村民普遍认为地方政府是更为重要的力量，这也与三个主体排序的选择一致。177人选择地方政府是最为重要的力量，占调研总人数的85.9%；其次是社区居民，有100人选择，占调研总人数的48.5%；选择社会组织的次之，有70人，占调研总人数的34%；59人选择国家公园管理局，占调研总人数的28.6%；45人选择企业，占调研总人数的21.8%；42人选择志愿者，占调研总人数的20.4%；40人选择专家，占调研总人数的19.4%；35人选择游客，占调研总人数的17%；选择特许经营者的人较少，有18人，仅占调研总人数的8.7%（见表4-12）。

表 4-12　村民对长城国家文化公园建设和保护的重要力量的认识

		频率及占比	
		个案数	百分比（%）
重要力量	地方政府	177	85.9
	企业	45	21.8
	社区居民	100	48.5
	专家	40	19.4
	游客	35	17
	社会组织（公益基金会）	70	34
	国家公园管理局	59	28.6
	特许经营者	18	8.7
	志愿者	42	20.4
有效填写人数		206	

二是调研样本村村民认知情况的对比分析。根据图 4-3 可知，不同村庄被调查者对于长城国家文化公园保护和建设的重要力量的认识较为一致，均表现为选择地方政府的村民占比较多，分别是石峡村 90%、北沟村 77.8%、慕田峪村 92.3%；其次是社区居民，占比分别是石峡村 60%、北沟村 46.9%、慕田峪村 40%；选择特许经营者的最少，占比分别是石峡村 10%、北沟村 6.2%、慕田峪村 10.8%。相对其他村庄北沟村村民对企业参与长城国家文化公园给予较高的认知，占调研总数的 30.9%。这与企业在村庄经营高端民宿和瓦厂博物馆等艺术建筑的设计有关。

五、村民对参与长城国家文化公园建设和保护的态度

一是调研村民参与的总体态度。根据表 4-13，有 50.5% 的被调查者非常愿意参与到长城国家文化公园的建设和保护中，共计 104 人；有 93 人愿意参与长城国家文化公园的保护和建设，占比 45.1%；一般为 6 人，占调研总数 2.9%，不愿意和非常不愿意分别有 2 人和 1 人，分别占比 1% 和 0.5%。

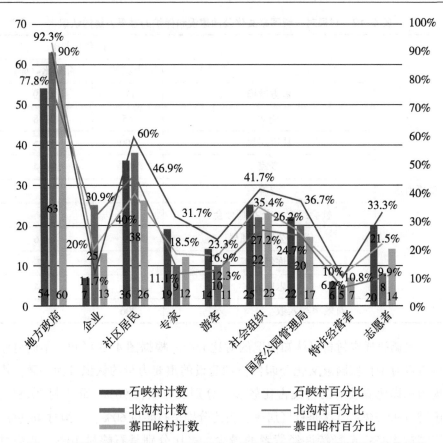

图 4-3　不同村庄被调查者对长城国家文化公园保护和建设的重要力量的认识

表 4-13　村民对参与长城国家文化公园的保护与建设的态度

		频率	百分比（%）	有效百分比（%）	累计百分比（%）
意愿程度	非常愿意	104	50.5	50.5	50.5
	愿意	93	45.1	45.1	95.6
	一般	6	2.9	2.9	98.5
	不愿意	2	1	1	99.5
	非常不愿意	1	0.5	0.5	100
	总计	206	100	100	

　　二是对样本村村民参与长城国家文化公园建设与保护的态度进行对比分析。根据图 4-4，石峡村、北沟村和慕田峪村的被调查者参与长城国家文化

公园建设与保护的意愿趋势较为一致，选择非常愿意和愿意的比重都较高，占被调查者总人数的绝大部分。不同村庄的村民对参与长城国家文化公园的建设和保护都有较高的意愿。

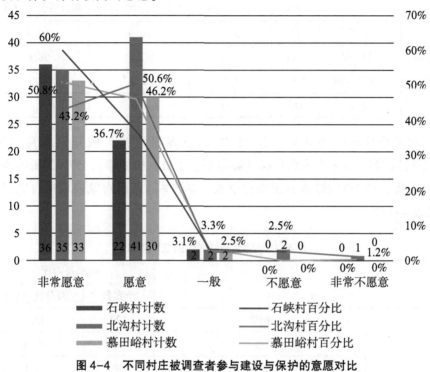

图4-4　不同村庄被调查者参与建设与保护的意愿对比

第二节　游客层面参与长城国家文化公园建设和保护的现状

一、游客对长城国家文化公园建设和保护的认知情况

1. 游客对长城知识的了解程度

关于对长城知识的了解程度，165 名去过长城的游客（占比 87.9%）表示了解一点，10.9% 的游客表示完全了解，1.2% 的游客表示完全不了解（见

表4-14）。对长城知识有一定了解的游客占大多数。

表4-14　游客对长城相关知识的了解程度

		频率	百分比（%）	有效百分比（%）	累计百分比（%）
了解 程度	完全了解	18	10.9	10.9	10.9
	了解一点	145	87.9	87.9	98.8
	完全不了解	2	1.2	1.2	100
	总计	165	100	100	

对于长城知识的获取，有72.7%的游客表示其长城知识来自网络，61.2%的游客表示来自大众传媒（如电视、手机、报纸等），57%的游客表示来自书籍，52.1%的游客表示来自学校，48.5%的调研对象表示来自家里人（见表4-15）。

表4-15　游客长城知识的获取来源

		频率及占比	
		个案数	百分比（%）
了解来源	网络	120	72.7
	家里人	80	48.5
	朋友	48	29.1
	书籍	94	57
	媒体（电视、手机、报纸等）	101	61.2
	学校	86	52.1
	其他	1	0.6
有效填写人次		165	

2. 游客对长城保护范围的认识

绝大多数游客对长城保护的态度是希望能够全部保护，62.4%的游客表示长城需要全部保护，37%的游客表示需要分段保护，0.6%的游客认为无须保护（见表4-16）。

表 4-16　游客对长城保护范围的认识

		频率	百分比（%）	有效百分比（%）	累计百分比（%）
保护态度	全部保护	103	62.4	62.4	62.4
	分段保护	61	37	37	99.4
	无须保护	1	0.6	0.6	100
	无所谓	0	0	0	100
	总计	165	100	100	

3. 游客对长城保护主体重要性排序的认识

在游客看来，不同保护主体在长城文化保护中具有不同程度的重要性。按重要性排序依次是：政府的规划与管理为 4.44 分；社会相关组织的参与为 2.93 分；当地居民的参与为 2.86 分，普通游客为 1.98 分；旅游爱好者为 1.51 分（见表 4-17）。

表 4-17　游客对长城保护主体的重要性排序

		平均综合得分
主体	政府的规划与管理	4.44
	社会相关组织的参与	2.93
	当地居民的参与	2.86
	普通游客	1.98
	旅游爱好者	1.51

4. 游客对当前长城保护存在问题的原因认识

游客对长城保护存在问题的原因认识排在前五位的分别为：认为公众重视度不够的有 129 人，占调研总数的 78.2%；认为缺乏有效的保护机制的有 114 人，占调研总数的 69.1%；认为社会力量参与不够的有 99 人，占调研总数的 60%；认为对外宣传不到位的有 81 人，占调研总数的 49.1%；认为政府执行力度不够的有 71 人，占调研总数的 43%；认为缺少科学合理的整体规划的有 65 人，占调研总数的 39.4%；认为缺少资金投入的有 56 人，占调研总数的 34%；认为其他原因的有 2 人，占调研总数的 1.2%（见表 4-18）。

表 4-18　游客对当前长城保护存在问题的原因认识

		频率及占比	
		个案数	百分比（%）
面临问题	公众重视度不够	129	78.2
	缺乏有效的保护机制	114	69.1
	缺少资金投入	56	34
	政府执行力度不够	71	43
	社会力量参与不够	99	60
	缺少科学合理的整体规划	65	39.4
	对外宣传不到位	81	49.1
	其他	2	1.2
有效填写人次		165	

5. 游客对长城国家文化公园建设应重点关注的内容认知

游客认为长城国家文化公园建设应该关注的重点内容排在前五位的分别是：认为要加强景区的合理规划的游客有 121 人，占总调研人数的 73.3%；认为要加强长城的保护教育的游客有 103 人，占调研总人数的 62.4%；认为要吸引社会资金投入的游客有 92 人，占调研总数的 55.8%；认为要加大科技对长城的保护力度的游客有 91 人，占调研总数的 55.2%；认为要加大对长城文化保护宣传的游客有 89 人，占调研总人数的 53.9%（见表 4-19）。

表 4-19　游客认为长城国家文化公园建设应重点关注的内容

		频率及占比	
		个案数	百分比（%）
活动类型	吸引社会资金投入	92	55.8
	限制游客数量	72	43.6
	培养当地专业人才	77	46.7
	加强景区合理规划	121	73.3
	加大科技保护力度	91	55.2
	加强长城保护教育	103	62.4
	地方各级人民政府和有关部门落实责任	89	53.9

		频率及占比	
		个案数	百分比（%）
活动类型	加强文化遗产保护法律法规建设	82	49.7
	加大长城文化保护宣传	89	53.9
	加大改造和开发	38	23
	提高长城保护和展示水平	59	35.8
	鼓励民众积极参加保护行动	73	44.2
	特色产业（如长城文创产品等）	43	26.1
	其他（请注明）	0	0
有效填写人数		165	

二、游客对参与长城国家文化公园建设和保护的态度

1. 游客看到破坏长城行为时的态度

大多数游客都表示，看到破坏长城行为时会进行劝阻。选择友好劝阻的游客有 75 人，占调研总数的 45.5%；会向相关人员反映的游客有 67 人，占调研总数的 40.6%；表示看不惯但也不会干预的游客有 21 人，占调研总数的 12.7%；表示不予理睬的游客有 2 人，占调研总数的 1.2%（见表 4-20）。

表 4-20　游客看到破坏长城行为时的态度

		频率	百分比（%）	有效百分比（%）	累计百分比（%）
行为方式	友好劝阻	75	45.5	45.5	45.5
	向相关人员反映	67	40.6	40.6	86.1
	看不惯但也不干预	21	12.7	12.7	98.8
	不予理睬	2	1.2	1.2	100
	总计	165	100	100	

2. 游客对目前长城保护现状的态度

大多数游客对目前长城保护的现状持满意态度，占调研总数的 62.43%，认为长城保护一般的游客占 33.33%，对长城保护不满意的游客只占 4.24%

（见表 4-21）。

表 4-21　游客对目前长城保护情况的态度

		频率	百分比（%）	有效百分比（%）	累计百分比（%）
满意程度	非常满意	21	12.73	12.73	12.73
	满意	82	49.7	49.7	62.43
	一般	55	33.33	33.33	95.76
	不满意	7	4.24	4.24	99
	非常不满意	0	0	0	100
	总计	165	100	100	

3. 游客对公众参与长城国家文化公园建设的态度

绝大多数游客（157 人）认为公众（百姓）应该对长城国家文化公园建设提出要求和建议，占调研总数的 95.2%；仅有 5 人（占调研总数的 3%）表示不知道（见表 4-22）。由此可见，游客认为公众应该参与长城国家文化公园的建设。

表 4-22　公众是否应该参与长城国家文化公园建设

		频率	百分比（%）	有效百分比（%）	累计百分比（%）
是否应该	应该	157	95.2	95.2	95.2
	不应该	3	1.8	1.8	97
	不知道	5	3	3	100
	总计	165	100	100	

4. 游客对长城国家文化公园建设保护的总体态度

游客对长城国家文化公园建设和保护的总体态度为支持，共 162 人选择此项，占参与调研总人数的 98.2%（见表 4-23）。

表4-23　游客对长城国家文化公园建设与保护的总体态度

		频率	百分比（%）	有效百分比（%）	累计百分比（%）
总体态度	支持	162	98.2	98.2	98.2
	不支持	1	0.6	0.6	98.8
	无所谓	2	1.2	1.2	100
	总计	165	100	100	

游客对自己参与长城国家文化公园建设与保护的态度。绝大多数调研对象表示愿意参与长城国家文化公园的建设与保护，93人表示非常愿意，占调研总数的56.4%；表示愿意的游客有59人，占调研总数的35.8%；只有极少数的游客表示不愿意参与，占调研总数的0.6%（见表4-24）。

表4-24　游客对自己参与长城国家文化公园建设与保护的态度

		频率	百分比（%）	有效百分比（%）	累计百分比（%）
态度	非常愿意	93	56.4	56.4	56.4
	愿意	59	35.8	35.8	92.2
	一般	12	7.2	7.2	99.4
	不愿意	1	0.6	0.6	100
	非常不愿意	0	0	0	100
	总计	165	100	100	

三、游客在长城国家文化公园建设保护实施中的参与现状

考虑到调研群体需要对长城有感性的认识，才能对长城国家文化公园的建设和保护提供有效的建议，所以将去过长城的游客作为调研对象。但是问及是否参加过长城保护的相关活动，仅有18人表示参与过，占调研总数的10.9%；147人（占调研总数的89.1%）表示没有参与过（见表4-25）。参与过的游客还是以长城文化节等活动中参与的大学生为主，另外2人是以"驴友"身份参与团队组织的"亲山"活动并参与长城捡拾垃圾的活动。普通游客基本没有参与任何相关活动，但是在访谈中表示"有时候会拍照，发朋友圈""能到长城，还是很骄傲的"。

表 4-25　游客参加长城保护相关活动的总体情况

		频率	百分比（%）	有效百分比（%）	累计百分比（%）
是否参加	参加过	18	10.9	10.9	10.9
	没有参加过	147	89.1	89.1	100
	总计	165	100	100	

第三节　社会资本参与长城国家文化公园建设和保护的现状

一、社会资本对长城沿线村庄的投资

农业农村部办公厅、国家乡村振兴局综合司印发的《社会资本投资农业农村指引（2021 年）》提出："鼓励社会资本发展休闲农业、乡村旅游、餐饮民宿、创意农业、农耕体验、康养基地等产业，充分发掘农业农村生态、文化等各类资源优势，打造一批设施完备、功能多样、服务规范的乡村休闲旅游目的地。引导社会资本发展乡村特色文化产业，推动农商文旅体融合发展，挖掘和利用农耕文化遗产资源，建设农耕主题博物馆、村史馆，传承农耕手工艺、曲艺、民俗节庆""支持社会资本参与高标准农田建设、农田水利建设，农村资源路、产业路、旅游路和村内主干道建设"。① 调研的四个村庄中，除沿河城村目前还没有外来企业进驻外，石峡村、慕田峪村和北沟村都有不同类型的外部资本进入。

1. 民营企业进驻村庄

石峡村的投资主体是一家民营企业，这家企业成立于 2009 年，集餐饮、旅游、文化为一体。这家企业的创始人是当地人，从小在村子里长大，了解乡村生活和风土人情，十几岁就开始在延庆区打工，开过运送货物的大卡车、

---

① 农业农村部办公厅，国家乡村振兴局综合司. 农业农村部办公厅 国家乡村振兴局综合司关于印发《社会资本投资农业农村指引（2021 年）》的通知.（2021-04-22）[2021-05-08]. http：//www.zfs.moa.gov.cn/flfg/202105/t20210508_ 6367317. htm.

做过事业单位的司机、经营过小吃店、开过酒店等，有着吃苦耐劳的个性特点、较为开阔的视野和 20 余年的餐饮从业经验。这家企业的餐饮板块自成立之初就以经营北京延庆传统美食为主，并享誉北京地区。其在石峡村共投资3000 万元，经营精品民宿和餐饮类项目。

2. 个人资本进驻村庄

在慕田峪村，美国人萨洋于 1996 年以个人身份长租民居房屋的形式进入村庄，并在不改变房屋结构和外观的基础上，对所租房屋的内部结构和窗户进行改造，添置具有设计感的家具。为了保留当地历史文化特色，在房屋改造时尽可能利用房屋原本的建筑材料，如木料、残砖和碎瓦，遵循修旧如旧的理念和方法，进行旧屋改造。2005 年，萨洋夫妇因为对长城的热爱而正式定居在慕田峪村。2006 年与村委会协商，租用了慕田峪村废弃闲置的学校，将其改造成多功能的空间，包括餐厅、画廊和艺术展厅，并命名为"小园"，打造开发出集精品民宿和餐饮于一体的经营模式。之后，萨洋夫妇又租赁并设计改造了邻村一个废弃的琉璃瓦工厂，设计理念依然是最大限度保留工厂原貌与烧制痕迹，将砖瓦元素与现代艺术元素相融合，将其命名为瓦厂酒店。

3. 投资集团进驻村庄

从 2015 年开始，2049 集团开始了在北沟村的投资。在 2049 集团进驻之前，北沟村村民的主要经济来源是种植板栗，村庄基础设施和卫生环境较差，年轻的村民都外出打工，村庄以留守老人和妇女为主。2004 年之前，北沟村一直是一个贫困村。2049 集团负责人最初到村里进行一些扶贫活动：给村里的老人、村支部捐钱，或者通过买点栗子的方式扶持村庄。又因为格外喜欢"能看到长城"的村子，2049 集团于 2009 年在村子里租下一处农户闲置宅基地，并花费 500 万元对其进行民居建筑的改造。十几年间共投资上亿元，在北沟村设计、建造并经营了三卅精品民宿、北旮旯涮肉店，收购瓦厂酒店以及投资建设了瓦美术馆项目。北沟村建设的最大特点是建筑师、艺术家入驻，结合当地的民风民俗，采用原始建筑的外观风貌——灰色瓦屋顶、老石板地面和红砖墙的建筑外观，一定程度上保留了乡村建筑景观的原始风貌，与村庄的整体建筑风格一致。这些建筑均由当地的建筑施工队完成，是现代美学、艺术与村庄本土文化和精神相融合的产品，具有本地文化特色和可持续发展的能力。

二、社会资本在长城沿线村庄项目与本土文化的融合

社会资本对长城沿线村庄的历史文化元素进行挖掘，并以艺术设计的方式将其嵌入建筑空间。首先，瓦厂酒店与本地工业文化遗产的相融合。瓦厂酒店的前身是一家琉璃瓦厂，是北沟村自营的烧制作坊，因市场不景气等因素而废弃。经过经营者设计改造，曾经破败不堪的造瓦厂成了一家艺术气息浓郁的乡村酒店。① 酒店利用瓦厂原有的空间结构和材料资源，将不同的瓦窑分别变成酒店前台、行李室、娱乐室与放映室，并用门廊连接了各个房间。因为靠近长城，酒店的墙面也以象征长城主题的红砖为主，加以遗留的彩色琉璃瓦片进行装饰。瓦厂酒店在很大程度上实现了瓦厂原貌与现代艺术的融合。酒店中融合乡村与城市、传统与现代、东方与西方等多方面元素的细节设计随处可见，从而吸引了众多国内外游客到此地观赏与游玩。2018 年，瓦厂酒店成为首批入选的"中国乡村遗产酒店"，至今也是北京唯一一家获此殊荣的酒店。作为瓦厂构建的三个主要元素，琉璃瓦、旧址窑洞与砖分别体现了文化遗产、建筑历史以及当地文化，采用纯粹的体现手法，将建筑空间、景观空间与大自然连接起来。北沟村的瓦厂精品酒店，堪称是北京郊区民宿的早期示范，除了在国内具有极大的影响力外，在国际上也获得了一定的知名度与美誉度。美国前第一夫人、荷兰国王、以色列总理、好莱坞影星、NBA 球员、国内著名导演演员及歌手都曾在瓦厂酒店留下过足迹。瓦厂酒店还曾入选猫途鹰"旅行者之选"中国最佳家庭旅店和民宿。② 其次，三卅精品民宿呈现了人与自然和谐相处的现代民宿空间。三卅精品民宿是由村中的一个老旧燃气站改造设计，设计师将人造空间与自然、时间与空间、新与旧紧密融合，致力于为都市人打造新的乡村院落，恢复邻里守望的环境，消除都市生活的孤独感。民宿内配有酒吧、餐厅，一层客房配备了私密院子或者花园，在二层客房的阳台就可看见慕田峪长城。设计感十足的院落房间，与当地的传统人文气息巧妙结合，让"在三卅，享受第三种生活"成为现实。最后，瓦美术馆体现了从乡村成长起来的现代艺术空间。坐落在北沟村的瓦

---

① 瓦厂酒店于 2010 年正式营业，2020 年后由 2049 集团收购经营。

② 周涵维. 北京首个"中华孝心示范村"北沟村：文化"有力"乡村 [N]. 农民日报·中国农网，(2022-01-13) [2023-12-16] http：//www.xcgbb.com/zxts/202201/t20220113_ 7384538.shtml.

美术馆占地面积 660 平方米，曾经举办过主题为"局部城市"的展览活动，由 15 位艺术家以不同的形式参展，主要目的是发展乡村经济、活化乡村文化。瓦美术馆内有三个特色鲜明的主题空间：北沟的记忆、北沟的现在和北沟的未来。随着村庄旅游经济的发展，这个远离城市喧嚣的小山村以"全国文明村镇""中国最优魅力休闲乡村""首都生态文明村"成为都市人心中的网红小村庄。

第四节　社会组织参与长城国家文化公园建设和保护的现状

一、参与长城相关项目的主要社会组织

20 世纪 80 年代末，中国长城学会作为国家一级社团组织开始通过专业社会组织对长城进行保护，30 多年的时间共有几十个保护长城的社会组织出现。比较有影响力的社团组织有 10 个左右，包括长城保护的全国性民间组织，如中国长城学会、中国文物学会长城研究委员会、中国文物保护基金会等；企业级社会组织，如腾讯公益慈善基金会；民间个人发起建立的社会组织，如长城小站、国际长城之友、长城文化公社等社会组织；此外，还有地方的一些省市县级长城学会等。

中国长城学会。中国长城学会，是经中华人民共和国民政部注册的唯一一家以弘扬中华优秀传统文化，研究、宣传、保护长城为主旨的国家一级社团组织，隶属于国家文物局。中国长城学会的任务和目标是"让雄伟的长城走向世界，把古老的长城留给子孙"。其宗旨是努力弘扬民族文化，大力研究、宣传长城，从而促进长城的保护和利用工作。

中国文物保护基金会。中国文物保护基金会创立于 1990 年，是经中华人民共和国民政部批准、由国家文物局主管的具有独立法人地位的全国公募性公益基金组织。中国文物保护基金会秉持"文物保护社会参与、保护成果全民共享"的发展理念，资助文物保护修缮，促进文物合理利用；开展文物价值的研究与传播，推进文物领域的公共文化服务；联络全国文物保护社会组

织和志愿者，推进社会力量广泛参与，为努力走出一条符合国情的文物保护利用之路做出应有贡献。

腾讯公益慈善基金会。腾讯基金会以"做美好社会的创连者"为愿景，以"践行科技向善，用公益引领可持续社会价值创新"为使命，积极推动互联网与公益慈善事业的深度融合，致力于成为中国最优秀的企业基金会，持续为社会创造价值。2016年6月，腾讯公益慈善基金会、南都基金会、陈一丹基金会共同发起中国互联网公益峰会。同年，腾讯基金会宣布捐赠2000万元用于长城保护与长城文化的传播，并与中国文保基金会成立了长城专项公益基金。

长城小站。1999年5月，长城小站创始人和十几名长城爱好者依托网站"长城小站"组建了一个志愿者团队。"长城小站"官网目前包括"关于长城、走过长城""长城摄影""长城旅游""长城文学""小站纪事""长城博客""长城论坛""English""中国长城数据库"[①] 等多个板块，由小站志愿者负责维护。如今，"长城小站"已有上万个注册用户，1000多名注册志愿者，此外，"长城小站"还开设了微博、微信公众号等。长城小站自建立之初，就长期从事长城的保护和宣传工作，主要包括：组织志愿者到长城上捡拾垃圾、在长城脚下种树等，保护长城的生态环境；阻止游客和户外旅行者破坏长城的行为；在长城沿线村庄的中小学组织长城相关知识和长城保护的宣讲活动。不仅如此，志愿者团队还策划了40余场影展，编写了10多种长城主题读物，广泛传播长城知识和长城文化。

国际长城之友。英国专家威廉·林赛于2001年在香港注册了一个非营利协会——国际长城之友。这个协会拥有来自中国、德国、澳大利亚等国的50多名固定会员，赴长城捡拾垃圾的志愿者已达上千人。2002—2010年，一些企业提供资助，在长城所在地的村庄捐募6名村民作为环保员，不定期地清理长城上和通往长城道路上的垃圾。协会还筹集多方资金做了一些长城研究的项目，如"烽火楼残破状况调研"和"万里长城百年回望"等研究，并在北京市文物局的支持下出版了中英文两个版本的同名画册，还分别在北京首都博物馆、孔庙和国子监博物馆举行了大型图片展。

北京长城保护志愿服务总队。2016年8月28日，北京长城保护志愿服务

① 资料说明（长城小站官网）：长城数据库资料来源广泛，既有来自历史上发布的各种考察文献中的信息集合，也包含我国最新完成的长城资源调查信息。

总队成立。它主要对那些无人看管的"野长城"开展巡查，检查是否堆积易燃物，捡拾垃圾，并及时劝阻游客的不文明行为等。当发现严重破坏长城（擅自拆除、盗取）的行为时，立刻向相关部门报告，并配合专业执法队开展执法工作。

中国长城文化志愿服务总队。2020年8月9日，中国长城文化志愿服务总队成立。谢海山博士是服务总队的主要负责人，同时也是长城文化志愿者形象人使。他希望在长城途经的15个省市建立志愿服务分队，构建长城文化宣讲志愿者体系，一起讲好长城故事。中国长城文化志愿服务总队的成立是全社会共同参与长城文化事业发展的重要契机。

长城保护联盟。长城保护联盟是中国文化遗产研究院、中国文物保护基金会等10家单位于2018年6月6日发起成立的自愿非法人性质联盟组织，旨在进一步加强长城保护工作，共享各地长城保护、研究与利用成果，促进长城文化传播，提升长城旅游品质。首批联盟成员单位共有41家，包括以长城为主要资源的全部5A、4A级旅游景区，部分重要点段的保护管理机构，专业研究机构以及相关企事业单位和社会团体。长城保护联盟由成员自愿组成，是一个非法人性质的联盟组织，联盟秘书处设在中国文化遗产研究院。

二、社会组织参与长城的相关项目和内容

社会组织参与长城保护的具体项目及工作内容见图4-5。这些社会组织之间也有一些合作项目，尤其是一些重大活动上的互相支持。

（1）"人人能为长城做的五件事"和"长城保护员加油包"项目

2016年，长城小站等34家机构联合提出"人人能为长城做的五件事倡议"。这五件事情包括但不限于：与朋友分享你的长城照片和体验；带走垃圾，维护长城的清洁；劝阻在长城上刻画的行为，维持长城原有风貌；给孩子们捐一本书——帮助长城边的乡村，即在帮助长城；如果你发现疑似破坏长城的行为，请拍照、录像并立刻报告给文物执法机构或民间长城保护组织。长城小站和北京市文物保护机构有顺畅的沟通渠道，如果收到长城小站关于破坏长城行为的举报，长城保护的专门机构会迅速制止破坏行为；一些长城段落的险情，在长城小站站友的呼吁之下得到排除。2017年，长城小站得到中国文物保护基金会的支持，针对长城保护员缺少装备的现状，开始实施"长城保护员加油包"公益项目。

（2）北京长城文化节·八达岭长城高峰论坛活动

长城文化节活动是在一段时间内北京市多区共同参与的活动集合，包括学术交流、舞台表演、服装秀场以及文创产品设计大赛等项目。举办北京长城文化节，对于讲好长城故事、传承长城文化、促进北京长城文化带建设具有重要意义。八达岭长城高峰论坛是北京长城文化节的重要板块，已发展成为一年一度汇聚长城文化遗产保护领域各界代表开展学术经验交流的重要平台和品牌活动。

（3）"云游长城"项目

2022年6月11日是第17个"文化和自然遗产日"，当天由国家文物局指导，中国文物保护基金会、腾讯公益慈善基金会主办的"云游长城"系列公益成果正式上线。"云游长城"是由中国文物保护基金会和腾讯公益慈善基金会协同天津大学建筑学院、长城小站等长城保护研究机构及社会团体共同打造的公益成果。在"云游长城"微信小程序内，基于游戏技术打造的"数字长城"正式亮相，用户通过手机就能立即"穿越"到喜峰口西潘家口段长城，在线"爬长城"和"修长城"。这是全球首次通过云游戏技术，实现最大规模文化遗产的毫米级高精度、沉浸交互式的数字还原，成为前沿科技和数字技术在文保领域实现创新应用的又一标志性范例。

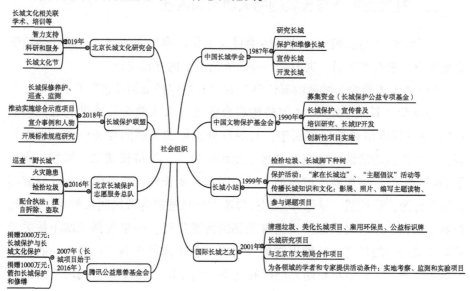

图4-5　参与长城保护相关项目的主要社会组织

第五节　专业力量参与长城国家文化公园
建设和保护的现状

一、北京境内由"长城匠师"进行的本土修缮项目

北京境内的长城自东向西经平谷、密云、怀柔、延庆、昌平、门头沟 6 区，全长达 520.77 公里，包括北齐及明代两个时期的长城，以明长城为主。在有长城分布的 15 个省份中，北京段长度虽然不算长，但却是保存最完好、工程最复杂、文化最丰富的长城精华段落。然而，因多年风雨侵袭及人为因素，许多长城段落面临坍塌风险，急需抢险修缮。根据对北京长城资源的调查结果，保存程度好、较好和一般的各类型遗存约占总量的 33%，保存程度较差和差的各类型遗存约占总量的 41%，已消失的遗存约占总量的 25%，未经调查的遗存不足 1%。① 自 2000 年开始，北京市开展长城保护工程近百项，财政资金投入约 4.7 亿元。2019 年北京开展了 10 项长城抢险工作，2020 年继续开展了 10 项长城抢险工程，2022 年北京市完成不少于需抢险总量 10% 的抢险工程。所有这些抢险工程的完成，均由本土的"长城匠师"修缮完成。其中，一些非常重要的段落项目是由修缮工程的技术总负责人程永茂参与完成的。作为北京市怀柔区人，程永茂从 16 岁就开始学习瓦匠活，1991 年进入古建公司从事古建的复建工程，后来经过培训学习，成为兴隆门瓦作②第十六代传人。自 2002 年参与响水湖段长城修复工程，先后参与指挥了黄花城、慕田峪、鹞子峪、河防口、青龙峡、箭扣等十多项长城抢险修复工程，累计抢险修复长城古城墙 1.5 万米③，每周上长城至少 1 次，多至二三次，被誉为"长城匠师"。2016 年起，他担任箭扣长城修缮的技术负责人，先后完成箭扣长城一期、二期、三期的加固修缮工程，共计 3326 米，敌台 19 座。2016 年开始

---

① 展圣洁. 北京长城保护：在探索中发展古老文明焕发新生 ［N］. 新京报，2022-06-14.
② 兴隆门是明清两代紫禁城及皇家建筑初建与修缮的参建作坊之一。
③ 宋庚龙. 长城匠师程永茂 ［N］. 京郊日报，2018-11-21.

他也被称为长城修缮第一人。经过多年的实践和总结，2018 年，明长城传统修复技术进入怀柔区第六批区级非物质文化遗产代表性名录。2020 年，全国首个长城保护修复实践基地在箭扣长城挂牌。2021 年，长城被世界遗产委员会评为世界遗产保护管理示范案例。"作为文物保护工作者，要杜绝使用没按传统要求制作或不合格的材料，这是我们的责任。我们有责任把文物保护方法以及文保精神世代传承下去。""即使几百年过去了，古建筑所使用的材料、工艺、形制和做法仍需恪守，这是长城修缮的原则""如何让明长城传统修复技术得以流传，能够大范围应用并得到总结和提升，还需吸引更多人从事这项工种，加大对文物修缮工艺人才的培训。"①

二、参与长城的研究、修缮、保护和展示工作的专业力量

长城修复中心对长城进行综合性研究修缮工作。长城修复中心是全国首个集研究、修缮、保护、展示、开放于一体的机构，由考古专家、科研人员、设计师和匠人对箭扣长城进行"会诊"，总体负责修缮工程。该模式使长城的保护更细致，最大限度保留文物的历史信息。2016 年起，北京箭扣长城启动修缮。2019 年 2 月，国家文物局正式批复箭扣长城东段和南段修缮方案。"在研究性保护的新模式下，考古学者、设计师和匠人们将会一边研究、一边制定方案并开工修缮。由于打通了研究、设计、施工、开放开发等多个环节，使其不会相互脱节。"② 作为专门的长城科研机构，长城修复中心有专业的考古、科研人员常驻，以严格的历史信息作为修缮依据，对长城进行科学保护。整个修缮过程也将进行全方位、科学的记录，为文物保护工作提供详细资料。此外，长城修复中心还为长城提供长期体检，开展预防性保护。

长城保护修复实践基地。长城保护修复实践基地是我国长城沿线第一个挂牌的基地。在专家们的指导下，基地秉持科学的长城保护理念，依托北京箭扣长城修缮工作基础，不断总结经验、探索实践，努力成为国内外长城维修保护经验的交流平台、保护成果的展示窗口，为北京乃至全国的长城保护与展示利用工作贡献力量。2020 年 9 月 20 日，长城保护修复实践基地挂牌仪

---

① 罗鑫，陈钟昊，孟菁. 山脊上的长城修缮师：恪守匠心传承文化［N］. 新华社新媒体，2020
-06-11.

② 朱松梅. 首个长城修复中心将设立［N］. 北京日报，2019-03-15.

式活动在北京市怀柔区雁栖镇西栅子村举办。西栅子村位于怀柔城区西北部，距离城中心 38 公里。北面是海拔 1534 米的黑坨山，整个村庄就坐落在黑坨山南坡，海拔 615 米。长城重点点位"九眼楼"位于黑坨山西南侧，"北京结"位于栅子村旧水坑西南的分水岭上，"鹰飞倒仰"段也位于"北京结"附近。此次活动作为 2020 年北京长城文化节的重要活动之一，旨在进一步推动北京长城保护工作，做好北京长城保护方式方法的探讨与研究，力争在全国长城保护修复研究工作中形成示范效应。

三、学术研究团队对长城文化的研究、宣传、展示和利用

北京长城文化研究会是 2019 年 12 月 16 日于北京延庆成立的非营利性社会团体组织，主管部门是延庆区政府，由北京市从事长城文化研究、宣传、展示、利用和长城文创产业的企事业单位、社会团体和个人自愿联合发起成立。包括 60 余名从事长城文化保护、研究方面的专家学者。研究会开展与长城文化相关的学术研究、学术交流、专业培训、咨询服务、展览展示、对外交流、会议服务、承办委托等活动。也为北京长城文化带建设、长城文化遗产保护等相关工作提供智力支持，是长城文化带建设的智库型研究机构与服务平台。北京长城文化研究会的成立，标志着北京长城文化带建设在社会组织支撑方面取得新的突破，为将来长城文化的系统研究、展示、弘扬奠定了坚实基础。

北京长城文化研究院①、长城保护修复实践基地、国家文物局教育培训基地（设于北京建筑大学）等平台，关注长城修缮过程中的研讨、学习、交流、培训，主要包括三个方面的内容：一是工程中遇到的关键问题研究，针对工程推进各阶段难点和主要问题，在保护维修工程理念和技术方法上寻求创新点，适时组织文物修复研讨会；二是保护项目实施过程中的实操性交流、培训，分阶段举办培训班；三是研究在保护维修过程中如何向社会宣传，分时段报道和展示，并研究开放工程实施现场，使公众近距离了解长城保护工作的理念和技术方法的可行性。北京市延庆区大庄科段长城研究性修缮项目即为此学术平台进行的示范项目，该项目范围包括延庆区大庄科 3 号、4 号敌台

① 北京长城文化研究院是北京建筑大学与北京市文物局共建的一所长城与长城文化保护发展的研究机构。

以及 2 号敌台至 5 号敌台之间的 400 米墙体。香港黄廷方基金会于 2021 年捐赠 1000 万元资金，作为该项目开展的工作经费，此举成为社会力量参与长城保护工作的典型案例。该项目从长城本体、长城病害以及长城赋存环境三个方面开展研究，通过多学科融合参与、全过程精细化管理、经验交流等工作，将"研究性"贯穿项目全过程，同时探索将长城保护工作"经验性"与"科学性"相结合，将数字化跟踪技术与长城保护工作紧密衔接，是北京落实《长城国家文化公园（北京段）建设保护规划》的重要实践项目，力争通过延庆区大庄科段长城保护修缮项目从而在国际遗产保护修复技术方面取得更多的话语权。

第六节　媒体参与长城国家文化公园建设和保护的现状

一、媒体参与长城的募捐和宣传活动

1984 年 7 月 5 日，《北京晚报》、八达岭特区办事处、《北京日报》《北京日报郊区版》《经济日报》《工人日报》共同发起了"爱我中华修我长城"的社会赞助活动。活动原本计划筹集 15 万元人民币用于长城的部分维护，然而在不到 3 个月的时间里，收到的捐款超过了 200 万元，大大超过了预期。八达岭长城、慕田峪长城等著名长城景点的修复都因此获益。1984 年，北京市人民政府将长城北京段整体公布为市级文物保护单位。2004 年开始，中央电视台的《走遍中国》《消费主张》《探索发现》等节目介绍了北京古北口长城的专题。2019 年，深耕文博界 10 余年的纪录片团队分 10 组，对北京市启动的 10 个长城抢险项目进行了全跟踪式拍摄，采访多位文物保护修缮专家，聚焦北京长城抢险，用质朴的画面记录下保护理念与保护技术的争议与研究、运输修缮材料的艰辛、传统技艺与现代工程技术的结合，展现人与自然的角力和永不言败的工匠精神。2019 年至今，《北京日报》《北京晚报》从不同角度进行长城相关内容的报道：一是关于长城抢险工作的相关报道，如北京怀柔和密云长城的抢险工作；二是重点段落修缮的报道，如关于"再修箭扣保

留长城野味"（2020）"山脊上修长城"（2020）；三是关于研究性修缮和科技赋能长城保护的报道，如对长城研究性修缮的追踪报道；四是关于长城保护员的报道，如"长城保护员里的摄影师"；五是关于长城破坏行为的报道，如"有人把爬野长城当成生意"。这些全方位的报道，一方面让社会了解长城的相关知识，另一方面也呼吁社会对保护长城的重视。

二、自媒体对长城文化的宣传

自媒体是指普通大众通过网络等途径向外发布他们本身的事实和新闻的传播方式。在中国，自媒体发展主要分为 4 个阶段：2009 年新浪微博上线，引起社交平台自媒体风潮；2012 年微信公众号上线，自媒体向移动端发展；2012—2014 年门户网站、视频、电商平台等纷纷涉足自媒体领域，平台多元化；2015 年至今，直播、短视频等形式成为自媒体内容创业的新热点。自媒体是私人化、平民化、自主化的传播者，以现代化、电子化的手段，向不特定的大多数或者特定的单个人传递规范性及非规范性信息的新媒体的总称。除了游客在参观或游览结束后通过自媒体平台向他人展示自己的经历外，长城周边的民宿、经营者以及部分村民，通过自媒体向外界展示自己的经营业务、与长城有关的产品，或者通过自媒体表达自己对家乡的热爱。在调研门头沟斋堂镇沿河城村时，一名村民就表示："喜欢拍摄村子的城墙照片和视频，通过微信朋友圈、抖音和火山小视频等发布，让其他人看看，也算是对家乡的一种宣传。"在延庆大庄科乡调研时，村民也为我们展示了微信朋友圈发布的不同季节的长城照片：春季长城周边的百花灿烂、夏季长城一望无际的绿意盎然、秋季长城两边的五彩斑斓、冬季宛若银白游龙的壮观长城……长城的美令人震撼，这些都是村民自发通过互联网对长城文化所做的宣传。

第五章
长城国家文化公园建设和保护中社会力量参与的角色定位和功能

长城国家文化公园是由国家主导、以长城为核心遗产对文化资源进行区域整合，以文化公园为载体将文物与公园结合起来，实现中华文化核心价值的有效保护、展示和传承。多元社会力量的参与对长城国家文化公园的建设和保护意义重大。不同社会力量因专业能力和价值目标的不同，在参与建设和保护中承担的角色也不同。因此，研究中需要分析不同力量的角色定位及功能。

第一节　村庄在长城国家文化公园建设和保护中的角色定位及功能

在长城国家文化公园的空间范围内，乡镇的自然、社会和文化资源都会纳入公园体系，尤其是长城附近的城堡型村庄，更是长城国家文化公园的重要组成部分，也是长城文化守护、传承和发展的内源性参与力量。长城国家文化公园的建设为这些区域带来发展机遇，尤其在乡村振兴的背景下，村庄的特色文化、生态环境和文旅融合创意产品等方面的参与对实现北京长城国家文化公园"中国长城国家文化公园建设保护的先行区"和"服务首都及国家对外开放的文化金名片"的形象定位，以及"漫步长城史卷的历史文化景观示范区"和"文化、生态、生活共融发展的典范区"的建设保护目标具有重要的作用。

本研究选取了长城国家文化公园（北京段）区域内的四个城堡型村庄——紧邻八达岭长城的石峡村、慕田峪长城景区内的慕田峪村和与其毗邻的北沟村、门头沟区的沿河城村 4 个村庄（沿河城村以访谈为主），调研结果显示，总体来说，村民对自己在长城国家文化公园建设和保护中的角色定位排在前五位的分别是（见表5-1）：有 124 人认为村民是长城国家文化公园建设的宣传者，占调研总数的 60.2%；认为是支持者的村民有 117 人，占调研总数的 56.8%；认为是长城国家文化公园保护者的村民有 103 人，占调研总数的 50%；认为是协助者的村民有 94 人，占调研总数的 45.6%；认为是监督者的村民有 69 人，占调研总数的 33.5%。另外，也有部分村民选择管理者（25.2%）、组织者（24.8%）、建设者（21.8%）和政策制定的参与者（20.4%）。认为仅是长城周边村庄居住者的村民有 9 人，占比 4.4%。

表 5-1　村民在长城国家文化公园建设和保护中的角色

		频率及占比	
		个案数	百分比（%）
村民保护角色	政策制定的参与者	42	20.4
	组织者	51	24.8
	宣传者	124	60.2
	保护者	103	50
	支持者	117	56.8
	协助者	94	45.6
	监督者	69	33.5
	管理者	52	25.2
	建设者	45	21.8
	仅是居住者	9	4.4
有效填写人数		206	

一、作为长城国家文化公园建设的保护者和支持者的村民对长城资源的保护功能

长城本体及其附属的城堡，历经 2000 年来的风沙雨雪、植被"占领"、战火硝烟以及人为破坏等，部分地段出现消失和坍塌险情。中国长城学会的调查表明，目前明长城有较好墙体的部分不足 20%，有明显可见遗迹的部分不到 30%，墙体和遗址的总量不超过 2500 公里。[①] 过去，人们对长城保护的

①　吴晶晶. 明长城墙体和遗址总量不超过 2500 公里［C］//《万里长城》编辑部. 万里长城（2014 年合订本）. 北京：中国长城学会，2014：1.

意识不够，不仅有人偷搬长城的砖、石、土等材料，也有人在长城上乱刻乱画、乱挖乱拆，导致长城面临极大的风险，急需进行修缮、保护和健康发展。村民参与长城国家文化公园建设，对长城文物本体的保护体现在以下两个方面：一是村民在长城本体建设和修缮中的参与。从时间纵向来看，长城在每个时代的建设与发展都与当地人有重要关联。历史记载修筑长城的主要力量除戍防的军队外，还有大量被征调的民夫，其中周边村庄的青壮年劳动力参与度最高。这些工匠不仅要通过背、用肩扛、用筐挑、用杠子抬等方法把大量的城砖、石灰、石块搬运上山岭，还形成精湛的修筑长城技艺，创新了施工方法。长城凝聚着广大劳动人民的智慧和汗水，也为长城保护奠定了基础。慕田峪村支部书记在接受采访时表示："20 世纪 80 年代初，全村都参加修建长城的工作。村民们响应国家和北京市文物局的号召，往长城上背砖、沙子等修建材料，和有经验的匠人一起修复长城。那时候很累，但是村民们感觉特别自豪，在参与历史文化遗产的保护工作中，增强了保护意识，保护长城的知识与技能也不断增长。"目前，一些村庄仍然有具备修缮经验的"匠人"，他们利用自身的知识和技能参与了长城本体的维护工作。二是村民对长城本体的保护和监督。长城虽然是不属于村庄的建筑物，但却具有毗邻的空间意义，与村民社会生活相关联，成为村庄凝聚力的重要组成部分，是村民的集体记忆和内心深处的情感归属。当调研团队询问村民关于"如果遇到有人破坏长城，你会怎么做"的问题时，206 名村民参与了回答，其中 98% 的调研对象表示会立即制止。谈到之前有村民拆长城砖盖房子的事情，村民表示："那都是因为之前缺乏对长城的保护意识，又因为家里太穷，买不起砖，个别村民才做这样的事。后来在国家和北京市文物局的宣传号召下，村民越来越意识到保护长城的重要意义，那些村民又都主动交还长城砖，用于修缮长城。"另外，2006 年国务院颁布《长城保护条例》，明确长城所在地政府或文物主管部门可以聘请长城保护员，并对长城保护员给予适当的补助。此后，长城沿线 15 个省（自治区和直辖市）中大多数长城段落安排了保护员，如北京段的长城有长城保护员 476 人，他们大多数来自长城沿线村庄的村民，还有少量的在职工作人员。这些长城保护员的工作内容包括三个方面：一是在巡视时进行险情检测，发现毁损情况及时进行上报；二是对长城本体的简单维护和生态环境保护，修理杂草和捡拾垃圾，尤其是对长城周边具有腐蚀性的垃圾的处理；三是对游客攀爬长城未开发地段以及破坏长城的行为进行监督。

二、作为长城国家文化公园建设中的宣传者，村民对长城文化的继承和传播

建设国家文化公园，是深入贯彻落实习近平总书记关于发掘好、利用好丰富文物和文化资源，让文物说话、让历史说话、让文化说话，推动中华优秀传统文化创造性转化和创新性发展、弘扬革命文化、发展先进文化等一系列重要指示精神的重要举措。① 长城国家文化公园比长城旅游景区具有更强烈的文化传承使命感，应更加突出其文化内涵，突出长城在文化传承中的作用。② 长城国家文化公园的建设，不仅包括对作为建筑遗产和文物的长城本体的保护，也包括对长城所蕴含的文化价值、精神内涵、象征意义的传承。而村庄在漫长的守护岁月中，成为承载长城文化的重要载体。首先，村庄叙事传承长城文化。长城文化的村庄叙事是由当地村民讲述，追忆对长城有重要意义的年代和事件。村民生于此、长于斯，将在历史长河中不同时段发生的事件，以自己生活于其中的主体感受，构建鲜活生动的故事，并将其代代相传。长城沿线村庄成长起来的人们，都会通过长辈了解关于长城的故事，并以口述历史的方式（目前有些村庄开始以村志的方式收集整理关于长城和村庄的故事），让历史记忆尽可能多地、完整地得到保留。几乎每一个村民都能讲述村庄和长城的故事，这是村民们共有和共享的文化资源。担任长城向导的村民向来访者讲述村域范围内长城的特点以及关于长城的故事，当来访者问及故事来源，村民会告诉你："我们村里老辈人都知道。"其次，通过参与和创作进行长城文化传承。长城文化是古代劳动人民基于防御需要的创造。经过后代人的利用和发展，长城文化不断丰富并得到传承。长城沿线村庄的人们，他们的先辈在长城建设之初就参与其中，并在历代生活和生产中参与长城文化的创造，如石峡村关于李自成闯关的故事，以及后人将此历史事件编写成京剧"三疑记"。最后，村庄是长城文化的体验和传播场域。长城文化凝结着数代中国劳动人民的智慧，是中华文明的传播载体，是与世界交流的窗口，也是文化自信的展示平台。长城国家文化公园的建设必须把长城文化

① 让文物说话　让历史说话　让文化说话 [N]. 中国文化报, 2019-12-20 (003).
② 李婷, 王斯敏, 蒋新军, 成亚倩, 焦德武. 长城国家文化公园怎么建 [N]. 光明日报, 2019-10-09 (007).

与当地村庄的发展结合在一起，这样才能使长城文化在当下的社会中得以传承和创新，使其获得持续的生命力。

三、作为长城国家文化公园的空间载体，村庄对长城文化有着活化利用功能

历经了千年风雨，时至今日，长城保护的现状并不乐观。2004年，长城已经被列入世界濒危遗产名录。近年来，对长城本体及其附属城堡进行勘测、修缮，采取了很多保护性措施，并取得很好的成效。党的十八大之后，新时代文物保护工作的重点强调广泛动员社会力量参与，努力走出一条符合中国国情的文物保护利用之路。"让文物活起来""在保护中发展、在发展中保护""保护为主、抢救第一、合理利用、加强管理"等一系列文物保护利用理念的提出，推动了新时代文物事业的开展，如何才能使文物在活化利用中实现保护和发展成为学界的研究主题。长城国家文化公园是整合长城和文化资源，通过实施公园化管理运营，实现保护传承利用、文化教育、公共服务、旅游观光、休闲娱乐、科学研究功能，形成具有特定开放空间的公共文化载体，打造中华文化重要标志。相对于以往文化保护的博物馆式的保护理念和措施，长城国家文化公园充分体现长城与自然、长城与当地社会、长城与当地居民的关系，形成独特的文化生态价值环境，建设管控保护、主题展示、文旅融合、传统利用四类主体功能区，协调推进文物和文化资源保护传承利用，系统推进保护传承、研究发掘、环境配套、文旅融合、数字再现①，具有整体性保护、利用和发展的理念和建设思路。长城沿线村庄在长城国家文化公园活化利用上的开发和创造功能体现在以下两个方面。一是村庄主体性参与促进长城国家文化公园的可持续发展。长城多数分布于经济欠发达地区，周边的服务设施不够完善，仅靠政府的力量无法实现体量庞大的基础设施建设和维护，需要多元力量的参与。而沿线村庄，是长城国家文化公园建设的基础力量，考虑他们的需求和建议，使村庄成为文化公园建设的受益者，才能激发村庄内在的参与动力。只有将长城国家文化公园的建设和村庄的发展与村民的生活连接起来，才能实现长城国家文化公园可持续发展的动力。二是村庄当地的文化丰富了长城国家文化公园的主题。长城既呈现整体性的特

---

① 长城、大运河、长征国家文化公园建设保护规划出台 [J]. 现代城市研究, 2021 (09)：131.

色和功能，也体现不同的地域特征，有崇山峻岭的盘旋"巨龙"，也有横卧茫茫戈壁的"游龙"。主题展示是长城国家文化公园建设的主体功能之一。长城不同段落附近的村庄的文化资源，是长城国家文化公园多样性文化的重要组成部分。如北沟村建设有"传统文化一条街"，包括壁画60余块、悬挂字画200余幅，村头的墙壁上刻有黄底红字的"和为贵"三个大字，有"程门立雪""管鲍之交""岳母刺字""司马光砸缸"等典故，也有《弟子规》《三字经》《论语》《庄子》等传统文化。"以水据敌，形成关口"的八达岭水关长城附近的石佛寺村，因村中有河水，在长城修筑过程中改变形制，筑有水关。村名源于村西古石佛寺，村中也有非物质文化遗产——舞龙习俗。通过文化遗产保护和传承利用来挖掘或培育地方文化特性，并利用本土物质载体、非物质载体进行活化、传承、利用，以更加丰富、鲜活的方式多角度彰显"国家文化"，让国家文化公园更具吸引力和感召力。①

第二节　游客在长城国家文化公园建设和保护中的角色定位及功能

　　游客一般分为两种类型——普通游客和"驴友"。普通游客是指一个人到他并不熟悉的地方旅游，连续停留时间不超过12个月，其旅游目的不是通过所从事的活动获取报酬的人；而"驴友"一词是网络用语，泛指爱好旅游、经常一起结伴出游的人，常用作对户外运动、自助旅行爱好者的称呼，也是旅游爱好者自称或尊称对方的一个名词。他们更多指的是背包客，就是那种背着背包、带着帐篷和睡袋去穿越、野营、徒步、骑行的户外爱好者。"驴友"和普通游客共同构成长城国家文化公园的游览者。"驴友"对生态旅游发展的影响在主动性、重要性以及利益诉求的紧急性上稍强于普通游客。② 游客是长城国家文化公园服务的目标群体，他们既是公园的消费者、长城文化的共享者，又是参与长城国家文化公园建设和保护的重要人群。分析游客在长

---

　　① 梅耀林，姚秀利，刘小钊. 文化价值视角下的国家文化公园认知探析——基于大运河国家文化公园实践的思考 [J]. 现代城市研究，2021（07）：7-11.

　　② 张玉钧，徐亚丹，贾倩. 国家公园生态旅游利益相关者协作关系研究——以仙居国家公园公盂园区为例 [J]. 旅游科学，2017，31（03）：51-64+74.

城国家文化公园建设中的角色和功能，对制定相应的管理制度和参与机制非常重要。游客对长城文化保护的自我角色定位是游客参与长城国家文化公园建设的基础。据调研，游客对自身在长城国家文化公园建设和保护中的角色和排序前五位的分别为：认为游客是长城文化的保护者的有136人，占调研总数的82.4%；认为游客是长城国家文化公园建设和保护中的宣传者的有131人，占调研总数的79.4%；认为游客是长城国家文化公园建设和保护中的支持者的有129人，占调研总数的78.2%；认为游客是长城国家文化公园建设和保护中的协助者的有103人，占调研总数的62.4%；认为游客是长城国家文化公园建设和保护中的监督者的有102人，占调研总数的61.8%。另外，也有62位游客选择了政策制定的参与者，占调研总数的37.6%；56位游客选择了组织者，占调研总数的33.9%；33位游客选择了管理者，占调研总数的20%（见表5-2）。另外，游客参与长城国家文化公园建设内容的意向也能体现其承担的角色和功能：大多数游客选择参与保护宣传工作（68.5%）、生态环境建设和维护（53.3%）、长城文化知识科普（47.3%）、长城文化公园解说（41.8%）、决策制定和计划执行（33.9%）等（见表5-3）。

表5-2　游客在长城国家公园建设和保护中的角色

		频率及占比	
		个案数	百分比（%）
游客保护角色	政策制定的参与者	62	37.6
	组织者	56	33.9
	宣传者	131	79.4
	保护者	136	82.4
	支持者	129	78.2
	协助者	103	62.4
	监督者	102	61.8
	管理者	33	20
	建设者	43	26.1
	其他	0	0
有效填写人数		165	

表5-3　游客参与长城国家文化公园建设内容的意向

		频率及占比	
		个案数	百分比（%）
活动类型	决策制定和计划执行	56	33.9
	保护宣传	113	68.5
	生态环境建设和维护	88	53.3
	个人或组织发起的捐赠活动	40	24.2
	长城国家文化公园解说	69	41.8
	长城国家文化知识科普	78	47.3
	关于长城国家文化公园的规划讨论	43	26.1
	为长城国家文化公园的法规建言献策	45	27.3
	其他（请注明）	0	0
有效填写人数		165	

一、游客作为长城国家文化公园的保护者对长城本体及周边生态文化资源的保护

长城国家文化公园通过对长城文化资源进行集中打造，凸显中华文化的重要标志，以实现长城文化资源的文化教育、公共服务、旅游观光、休闲娱乐、科学研究功能。普通游客和"驴友"作为短期在长城国家文化公园内进行旅游观光、休闲娱乐活动或文化生态旅游的群体，为长城国家文化公园和民宿村发展带来经济效益的同时，也会对长城周边生态环境带来较大的负面影响，游客承担建设和保护的主体责任也非常重要。首先，游客参与长城国家文化公园的建设和保护体现在行动上。长城本体的保护主要是指对建筑材料、建筑结构等方面的保护。长城的建造通常就地取材，大多由土、石、木料和瓦件等构成。经年累月的自然风化，导致长城比较脆弱。但有的游客在游览过程中，仍然会在城砖上刻字，而且屡禁不止，对长城本体造成不可逆的损害。另外，在游览过程中看到他人的破坏活动，部分旅客本着事不关己的心态，不能出面制止或者向有关部门反映。但是，伴随长城保护行动的深入推进，游客在相关方面的表现有所改善，尤其是青年一代。调研显示，占调研总数86.06%的游客表示看到破坏长城的行为时会进行劝阻或者向相关人

员反映。其次，游客参与长城国家文化公园的建设和保护还体现在对长城及周边生态环境的维护上。长城国家文化公园的建设不仅指长城本体资源，还包括长城周边的山川、河流、湖泊等自然生态资源。游客在游览过程中会产生比较多的垃圾，包括矿泉水瓶、食物包装袋等难以降解的塑料制品，有些食品残渣也会对长城的生态环境造成破坏。目前大量的垃圾来自游客和"驴友"没有随身带走的垃圾，不仅给长城保护带来威胁，也给长城保护带来更大的工作量。最后，游客参与长城国家文化公园的建设还体现在对长城沿线村庄相关文化的体验与感知。调研显示，16.36%的游客表示在游览长城的同时，会去体验长城附近的特色民宿项目，如住在农家院、吃特色农家菜等。调研期间，研究团队的成员发现，到北沟村的游客，几乎都会参观并打卡瓦美术馆、三卅酒店；到石峡村的游客，大部分会去品尝石光精品民宿的特色餐饮，尤其是参观村史博物馆的非遗手工艺体验馆，体验馆里妫水人家组织上百位当地的手工艺匠人，提供数百种传统手工艺制作指导，让更多人能够体验中国手工艺的魅力。非遗手工艺制作体验包括缝制布老虎、捏面人、编中国结等多种项目。非遗手工艺老师现场指导，游客制作的成品可作为纪念品被带走。这些民俗文化项目给游览长城的游客带来不一样的乡村文化体验。另外，村庄内部对区域内长城文化价值进行挖掘，并以展示和展演的方式呈现，也给游客带来沉浸式体验。

二、游客作为长城国家文化公园的宣传者对长城文化起到了传播作用

对于游览长城的原因，有 129 位受访者都选择了感受长城文化，占调研总数的 78.2%。66.1%的游客选择了休闲娱乐，43.6%的游客选择了锻炼身体（见表5-4）。长城作为第一批全国重点文物保护单位，是中国也是世界上修建时间最长、工程量最大的一项古代防御工程。我国大规模地修筑长城自西周时期开始，延续不断修筑了 2000 多年，长城分布于中国北部和中部的广大土地上，总计长度达 2 万多千米。长城吸引国内外的游客前往参观游览，有些游客会通过微信朋友圈、博客、公众号等撰写旅行见闻，也会通过制作短视频的方式分享游览感想、传递长城文化。但是，由前述调研分析可知，还有很多游客并不了解长城的相关文化知识。通过参观长城可以感性地体验长城文化，但对于长城的知识却是了解不多。一方面是因为长城相关文化知识

的普及还不够，需要加强相关内容的普及教育；另一方面说明在已经开放的长城景区对长城文化知识的挖掘和展示还不够，需要加强这方面的规划和建设。长城国家文化公园的建设，需要在公园的空间内设置更多的长城文化体验。只有让游客有更好的体验，才能更好地传承和传播长城文化，进而实现长城国家文化公园建设和保护的目标。

表 5-4　游客参观长城的原因

		频率及占比	
		个案数	百分比（%）
参观原因	锻炼身体	72	43.6
	感受长城文化	129	78.2
	休闲娱乐	109	66.1
	体验特色民俗项目	27	16.4
	其他	7	4.2
有效填写人数		165	

三、游客为长城国家文化公园的建设建言献策

长城国家文化公园建设既需要国家和政府的总体规划与部署，也需要重视游客亲身体验后的需求和建议。调研显示，95.15%的游客认为应该对长城保护提出要求和建议，22.42%的游客认为"公众应该全程参与公园的建设"。不同阶段参与的内容也有所侧重，如37.58%的游客认为在公园建设初期"公众需要提出建设性意见"，14.55%的游客认为在公园建设的中期"公众应该参与一些具体的实施工作"，在建设的后期或者运行中，25.45%的游客认为"公众可以参与公园管理、解说或引导等方面的内容"。另外，游客对长城国家文化公园建设的主要利益诉求体现在以下几点。首先是能够体验具有国家代表性的文化景观，满足精神上对于知识、美学等方面的需求。长城国家文化公园是以长城文化资源为核心，将长城国家文化公园建设成科学、历史、环境和爱国主义教育的重要场所。游客在体验后将需求和建议表达出来，有助于公园建设的完善和品质提升。其次是获得良好的旅游服务，包括交通、餐饮、住宿及文娱活动等。长城国家文化公园的建设，不仅需要围绕长城及

长城文化的价值进行挖掘和创造，还需要完善的配套设施和相关服务，是一个综合系统的建设工程。调研结果也呈现了长城国家文化公园建设需要解决的问题：共有 102 人认为需要改善长城周边的环境，占调研总数的 61.8%；共有 102 人认为长城所在区域基础设施需要完善，占调研总数的 61.8%；77人认为长城周边的道路交通应该完善，占调研总数的 46.7%（见表 5-5）。在长城国家文化公园（北京段）重点规划区的乡镇实地调研时，乡镇干部表示："长城有很多保护红线，所以，在很多方面的建设有许多困难……目前基础设施建设不能满足游客需求，如停车场等。另外，在长城游览步道建设过程中，游客最需要的公共厕所问题难以解决，垃圾桶的设置也没有办法实现，游客体验感较差。"最后也有部分游客主要是以教育为目的，如针对不同年级学生所进行的文化游学活动。"耳朵里的博物馆"[①] 携手中国文物保护基金会长城保护研学基地、公益组织——长城小站，举办过多次长城研学活动，如在慕田峪长城推出的"长城课室"经典游学线路等。学生通过亲手制作长城砖，实地感受烽火传信活动，或是在长城上画出长城，从而了解长城的历史、长城构件、长城建造技艺和长城军事防御体系，理解长城背后的各种古代智慧，感受自然和人类给长城带来的创伤，意识到保护长城的紧迫性等。

表 5-5　在游客看来长城国家文化公园建设需要解决的问题

		频率及占比	
		个案数	百分比（%）
需要解决的问题	长城的修缮	126	76.4
	长城价值的进一步挖掘传播	106	64.2
	长城的活化利用	95	57.6
	长城周边环境改善	102	61.8
	长城所在区域基础设施的完善	102	61.8
	长城周边的道路交通	77	46.7

① 注：2014 年底，北京忆空间文化发展有限公司成立，并在 2017 年初推出"耳朵里的博物馆"博物馆亲子教育品牌。团队始终坚持关注青少年博物馆公共教育的定位，形成理念突出、形式丰富、层次立体的文化教育产品体系。

		频率及占比	
		个案数	百分比（%）
需要解决的问题	挖掘当地的特色文化	86	52.1
	提升民俗品质	48	29.1
	其他	33	0
有效填写人数		165	

第三节　其他社会力量参与长城国家文化公园建设和保护的角色定位及功能

一、社会资本（企业或个人）在长城国家文化公园建设中的角色和功能

20 世纪 90 年代，我国加快农村市场化改革，有条件地放开了资本下乡政策，激励了大量工商资本下乡推动农业产业化发展。此后在 2008 年左右，全球资本过剩及土地大规模流转政策形成了第二次大规模的资本下乡。2017 年以来，城镇化快速发展、鼓励工商资本振兴乡村政策都极大地推动了第三次资本下乡热潮。① 本课题研究对象集中于已经在长城脚下村庄经营多年的企业。村庄是长城文化保护、传承和体验的重要场域，是实现"长城味—长城文化、地方味—地方特点、民俗味—民俗活动""三味"结合的特殊社会文化空间。长城沿线的村庄大多地处山区，产业发展相对滞后，自然资源依赖性强，村庄经济发展水平和村民收入较低，村庄基础设施建设需要加强。调研显示，村民希望长城国家文化公园的建设能增加村内的就业机会（30.6%）、在村庄层面重点改造道路交通（48.1%）、改造村内活动场所（32%）、对文

---

① 王海娟，夏柱智. 资本下乡与以农民为主体的乡村振兴模式 [J]. 思想战线，2022，48 (02)：146-154.

化娱乐设施进行改造（31.6%）。但由于村庄经济相对落后，农户自身投入的资本有限，需要引入社会资本。

（一）企业（或外来个人资本）是长城文化的挖掘者、地方文化的呈现者，起到活化利用长城文化的功能

将长城作为核心文化资源，整合乡村的基础性作用和文化价值，形成"多元一体"的叙事空间和时空场景，将长城国家文化公园建设的目标需求与传统乡村文化再生产的秩序重构结合，建立国家意识、地方发展和个体认同之间的可持续的共生关系。[①] 长城国家文化公园（北京段）规划范围内共有90个城堡型村镇，即明代沿长城设置的军事卫、所、堡寨延续至今不断扩大而形成的村落，这些村庄都拥有丰富的文化遗产。与长城相关的文化遗存和非物质文化资源，是长城国家文化公园建设的重要点段。调研的四个村庄都属于城堡型村庄，不仅在物理空间上临近长城，更是在长城修建之初就具有重要的战略位置。站在村庄内就可以看到长城，如慕田峪村改造的民宿院落，透过民宿的小窗户就可远观长城。长城是这些村庄吸引力的核心资源。进驻村庄的企业或个人资本，无不是因为村庄与长城的文化关联而在此选址，并在经营中依托长城资源的开发和利用增加项目的吸引力，同时也会结合当地的特色和优势资源进行文化创意产品的开发。

第一，社会资本结合当地的长城文化创造开发新的特色产品，实现长城文化的再生产。石峡村石光长城精品民宿，将长城文化、村庄特点和自身的优势结合起来，将精品民宿结合当地长城特点命名为"石光精品民宿"。企业和村委会协商，由村委会协调村集体和村民的空置房产，共有19处院落，基于院落和房屋最初的结构和材料，在不破坏原有样貌的基础上设计改造不同主题、各有特点的院落，如"春居""绾云""冬隐""逸树""星空""听雨""树影""醉秋""幽夏""山舍"等院落，这些院落围墙和房屋均以当地毛石原料和木材作为主要建造材料，和石峡关段长城的构筑材料遥相呼应，由此命名"石光长城精品民宿"；在餐饮文化方面，结合长城构造原材料特点（不同段落长城基本就地取材，有土墙、砖墙和石头墙，石峡村村域内既有明代长城，也有北齐时建造的长城），打造出"长城石烹宴"特色饮食和"石

---

① 祁述裕，邹统钎，傅才武，等. 国家文化公园建设热中的冷思考：现状、问题及对策 [J]. 探索与争鸣，2022（06）：4+177.

光咖啡馆"；石峡村距八达岭长城景区西南 5 公里，村域内残长城遗址——石峡关，长约 10 千米，上有敌台 22 座，保留有南天门、罗锅城、单边墙等众多遗迹。妫水人家公司聘请长城研究专家，同时，也邀请村里有名望的老人，挖掘与长城有关的故事，将这些内容整合成石峡村长城文化资源，在民宿的院墙上张贴长城相关知识和长城故事的展板，向村民和游客传递长城知识、宣传长城文化。妫水人家公司也结合当地村民手工艺特点，传承非物质文化遗产，在石峡村投资建造非遗手工艺体验馆，组织村中和附近一些村子的上百名手工艺匠人，提供数百种传统手工艺制作指导，让更多人能够体验中国传统手工艺的魅力。

第二，现代城市美学和艺术嵌入传统乡村。一是在乡土的物理空间生长出具有生命力的现代美学产品。北沟村距离慕田峪长城仅 3 公里，依山势而建，紧邻长城，游人可以沿山路步行至长城脚下，沿途有成片的板栗园，自然风光秀丽。2049 集团在进入村庄的过程中，坚持用文化赋能乡村发展的理念。从北旮旯涮肉店到三卅精品民宿、瓦厂酒店，再到瓦美术馆，2049 集团创始人始终强调"北沟基因"，即到北沟村旅游的游客不仅是为了观览长城和采摘板栗，更多的是通过与北沟村村民接触交流，感受当地淳朴的民风和人文风貌。2049 集团在民宿建设过程中，注重房屋与周边环境的和谐，选用当地的石材和核桃木材，建筑施工队也是当地的团队，经营过程也注重吸纳本地村民进入厨师队、园艺队、服务队、后勤保障队、物流公司等。北沟村瓦美术馆是由村庄一间废弃多年的面馆改建而成，虽然未能完全保留面馆的砖墙老房，但也用一米高的石围墙保留了原老面馆的位置，使其融合着北沟村的旧有记忆。瓦美术馆的外观非常时尚，但墙面材料是当地的琉璃瓦，设计元素来自村庄过去生产琉璃瓦的历史。瓦厂酒店在村庄废弃的琉璃瓦工厂基础上改造而成，酒店公共空间的地面都是用琉璃瓦铺就，房屋屋顶以及墙面上也有使用琉璃瓦的多样化造型设计，使此文化遗产在现今社会被重新理解与接受。① 瓦厂酒店的"窑洞包房"（为客人提供休息和个人活动的空间）仍然保留着当年琉璃瓦烧制的痕迹以及窑洞的空间肌理，室内墙体设计更加亲民，延续窑洞建筑的拱门特点，将拱形门廊延伸到建筑的主入口，尽可能保

---

① 冯凯.瓦厂酒店［J］.砖瓦，2022（02）：6-7.

留窑洞原有的空间感受。① 这些设计无不展示村庄作为琉璃瓦生产地的曾经。二是艺术产品与村民日常生活空间有机融合激发村庄新的活力。村民日常生活包括衣食住行、婚丧嫁娶、购物消费、交流交往、休闲娱乐等，这些是具有基础性、重复性、细微性特点的、维系个体生存和社会发展的人类活动。村民的"日常生活空间"是村民日常生产生活的各种活动所占据的空间，与村民的日常生活密不可分，不但为村民的日常生活提供必要的空间条件，而且在乡村公共空间体系中扮演着重要的角色。艺术注入乡村促进村庄艺术空间和美学教育的发展，既是乡风文明建设和激发乡村活力的重要力量，也是乡村文化振兴的重要内容。北沟村现有 30 多户来自世界各地的"新村民"，这些建筑师、艺术家的入驻使北沟村的村风村貌焕然一新。村子广场中心的美术馆、村委会大楼，以及周围的房顶、菜地，处处都是艺术现场：艺术家隋建国把在当地捡来的一块石头放大数百倍，做成艺术装置《梦石归田》，放在村子的田地里；村委会大楼外挂起温凌的巨幅艺术喷绘《辛德勒餐厅》；艺术家陈伟开着摩托车，用沾满油彩的车轮在村子小广场现场作画；刘展用行为艺术的方式焚烧了装置作品《行走的人》；音乐人梁翘柏则与乐队在山里开了一场音乐会；艺术家雷磊的充气装置《刺猬头》放置在村庄，成为游客打卡拍照最受欢迎的网红作品。2021 年 12 月 26 日，调研团队在北沟村调研，冬天的天气虽冷，但仍然能看到几个老人坐在瓦美术馆红墙前晒着太阳，几个孩子在追逐嬉戏，游客在红墙边拍照，构成时尚与质朴、艺术与人文交织的冬日画面。为了实现现代城市艺术的乡土性和在地性，即建筑本体与周边环境相协调、与村庄气质相符合，成为生长扎根于村落的产物，瓦美术馆在设计和建设过程中，特别重视村民的参与，设想之初就征集村民的意见，施工队伍也是由村内的匠人构成。在具体建造过程中，尊重当地的技术和经验，从美术馆的层高、屋顶的倾斜度、窗口的大小与朝向，都是通过与村民反复讨论和协商而确定，才最终呈现在大众面前。现在，瓦美术馆不仅成为村庄物理空间的构成部分，成为村民休闲交往的场所，也是外来游客参观的艺术空间。调研时有村民说："没事的时候，村里人喜欢到这些地方玩，人来人往挺热闹……我们也没去过城里的美术馆，也看不懂……之前这里破破烂烂的，现在建这个美术馆，感觉挺好看，环境也变好了，在家门口就能进来看看，

---

①　冯凯. 瓦厂酒店 [J]. 砖瓦，2022 (02)：6-7.

也不花钱，看到很多游客都在这里照相，我们也挺自豪的……感觉到与其他村子不太一样。"

（二）社会资本作为投资者，通过开发新业态促进村庄发展

2021 年中央一号文件《中共中央 国务院关于全面推进乡村振兴加快农业农村现代化的意见》（以下简称《意见》）指出，全面推进乡村产业、人才、文化、生态、组织振兴，充分发挥农业产品供给、生态屏障、文化传承等功能，走中国特色社会主义乡村振兴道路。《意见》明确提出，到 2025 年，乡村建设行动取得明显成效，乡村面貌发生显著变化，乡村发展活力充分激发，乡村文明程度得到新提升，农村发展安全保障更加有力，农民获得感、幸福感、安全感明显提高。长城文化的开发和利用程度直接影响周边村庄的经济发展和村民的收入。调研过程中，64.6% 的村民认为长城国家文化公园的建设可以使村民收入增加。在已经开发的长城景区，村民收入主要来自景区招募村民就业、商品销售和民宿经营收入，收入较高。如慕田峪村，家庭年收入在 2 万元及以下的村民占调研人数的 15.4%；家庭年收入在 8 万元以上的村民占调研人数的 40%。但是在还没有开发建设的长城沿线村庄，收入来源较为单一，农业种植为家庭的主要收入来源，收入也相对较低。如沿河城村，收入 2 万元以下的村民占调研总数的 45.16%。在北沟村还没有成为民宿旅游村之前，由于耕地较少，村民的收入来源为种植板栗，整村年收入不过几百万元，目前，村子的年收入已经达到四五千万元。

社会资本进驻村庄，从以下几个方面带动村庄的发展。

第一，培育村庄新业态。伴随经济体制改革和城市化进程的推进，大多数村庄都成为"空心村"，年轻的劳动力离开村庄到城里打工，村里大部分是留守老人和妇女，一些村庄的房屋空置率很高，有些村庄高达 50%，还有些村庄无人居住以至于最终消失。因此，党的十九大报告提出乡村振兴战略，提出"农业农村农民问题是关系国计民生的根本性问题，必须始终把解决好'三农'问题作为全党工作重中之重。要坚持农业农村优先发展，按照产业兴旺、生态宜居、乡风文明、治理有效、生活富裕的总要求，建立健全城乡融合发展体制机制和政策体系，加快推进农业农村现代化"。城乡融合背景下，城市的社会资本进驻乡村，乡村产业会呈现出新需求空间、新发展动力、新发展机制、新产业业态、新发展边界等发展新方向。调研的村庄，不仅拥有一般山区村庄所拥有的自然生态资源，如青山绿水、氧气饱和含量高、自然环境优美等特点，更是拥有长城脚下村庄的优势资源。社会资本进入村庄之前，村庄虽然会有少数农户经营的农家院，但大多数农户受限于自身家庭发展能力，包括房屋空间的容纳量、家庭劳动力、资金以及网络宣传的能力，往往是小规模、低水平的运转，未能形成品牌和规模效应，社会影响力不大，对村庄经济发展的带动作用有限。2015年，妫水人家公司在延庆区文旅局的协助下，到石峡村投资，租用村庄空置的19个院落（村集体3处，闲置民房16处），租期18年，打造"石光长城精品"民宿。社会资本使原本破败闲置的房屋得到利用，并结合长城文化特点对其进行改造，利用网络平台进行宣传。通过参加各种网络评选活动，打造声势，扩大影响力。在社会资本的带动下，村庄从原来5—6户经营农家院，变为现在的18户民宿，并且各有优势，渐渐出现村庄经营的规模效应。另外，妫水人家企业在经营期间，将民宿经营与村庄资源相结合，如企业利用村庄有百亩海棠园的资源优势，结合自己的餐饮特色，开创海棠饮品，将以往烂在地里或者低价卖给中间商的海棠产品开发成新的饮品，提供给所有经营民宿的农户，同时也对其加工包装后在网上售卖。未来石峡村将依托海棠产品，由村委会牵头，成立海棠工作坊，专门开发海棠产品——海棠罐头和海棠饮料，为村庄和村民带来经济效益。2049集团进驻北沟村，同样是盘活村庄的闲置房产，将其开发成旅游项目，带动村庄民宿户的发展。慕田峪村在慕田峪长城景区之内，村庄内部产业单一，以农业和景区内小商品经营为主。慕田峪最初呈现的业态形式是景区内小商品经营，在慕田峪长城脚下设置有固定的经营摊位，有50户家庭有经营执照，卖手工艺品和土特产品。个人资本进驻，盘活农户空置房屋和村里废弃的小学，经营民宿和餐饮服务。慕田峪村共有200多户村民，民宿户有50多户，一直在经营民宿的农户有27户。同时也带动周边的辛营、北沟和田仙峪三个村庄共同打造长城国际文化村。截至2023年底，入住长城国际文化村的国际友人共有80多名，涉及7个国家和地区，建设欧式居所32处。长城国际文化村建设通过挖掘北沟、田仙峪、辛营、慕田峪4个村的特色文化，整合开发特色旅游产品，营造了"吃在田仙峪、住在北沟村、游在慕田峪、购在辛营村"的一体化旅游格局。慕田峪村最大的业态特色是在古朴的村庄环境中植入国际文化元素，实现中西合璧，优势互补，从而打造出一个既具中国传统文化、又有现代国际气息的新型村庄。北沟村新增成规模业态体现在民宿、餐饮业等。北沟村有 150 户、320 人，有执照的民宿 50 户，正常经营民宿的农户有 30 多户，目前在怀柔区 21 个行政村中经济收入中属于中上等。

第二，社会资本经营增加了村庄内的就业岗位。长城沿线村庄大多数地处山区，耕地较少，从事第一产业较少，大多围绕着林地和村庄内需要而设置岗位。如石峡村就业岗位以护林员为主，2021 年 11 月调研期间，共有护林员 32 人、保洁员 8 人、长城保护员 6 人，还有一些农户从事小吃和农副产品经营。慕田峪村主要的就业岗位是慕田峪长城景区内的职工。慕田峪长城1984 年开始对外开放，村庄有 100 多人在景区内从事卖票和保洁等工作，截至 2023 年底，仍然有 80 人左右在景区内工作，其他就业岗位是护林员、保洁员等，村内长城保护员由外村 2 名村民担任（本村村民无长城保护员）。美国人萨洋住进慕田峪村后，先后建起民宿和"小园"餐厅，雇佣 4 个村民担任保洁和餐厅服务工作。北沟村村民的职业类型有民宿户、长城保护员、护林员、保洁员。外出打工的村民有 60 人，打工地点集中在怀柔区，大多从事服务行业。北沟村有 50 多名村民在村内就业，包括物业公司 11 人、长城保护员 8 名、护林员 10 人、保洁员 5 人。2049 集团经营的两个精品民宿、餐馆和瓦美术馆，共有工作人员 70 人，本村有 10 多人，其他村子有 30 多人，大多从事服务和保洁工作。2049 集团进驻后吸引村内年轻人返乡，有年轻人在村内西餐厅做大厨，有的年轻人经过培训做了园艺工匠，也有村里的年轻人返乡经营民宿项目。

第三，形成政府、企业和村委会三方联动力量，促进村庄进一步发展。社会资本进驻村庄从事的经营项目，不仅培育了村庄的新业态，为当地村民提供了一定数量的就业岗位，同时也带动村庄整体环境的提升，打造了特色村庄文化，提升了村庄影响力，还为村庄参与长城国家文化公园建设创造了在地性的条件。截至 2023 年底，长城国际文化村共吸引 30 多户、近百名国际友人入住，他们的投资改造项目对当地村民起到良好的示范效应，村民们纷纷仿效改造自己的房屋，将环保节能理念、生态维护、品质提升等要素植入民宿、庭院功能上，生产属性被休闲属性替代，原本具有自给自足功能的菜地和晾晒谷物的门前平台改为融合小木屋、花草景观、木质步道和儿童设施的精致庭院。内部装修融入了西方元素，包括欧式壁炉、吊灯、油画、落地窗和小阳台等，并配备了咖啡机、洗衣机等现代化设施。① 改造后的民宿租金也随之上涨，经营收入增加。"长城国际文化村建设工程"得到了怀柔区政府的大力支持，被列入了 2010 年重点工程。企业在嵌入村庄的过程中，也会不断为村庄发展注入资金和活力，村民也在此过程中获得更多福利。以 2049 集团投资建设三卅精品民宿为例，2049 投资集团和北沟村合作社共同经营，民宿收益的 33% 拿出来给当地村民，33% 给企业与员工，33% 回馈社会。

第四，增加城乡发展要素的互动和交融。城乡关系是 定社会经济条件下城市和乡村之间相互作用、相互影响、相互制约的普遍联系与互动共生关系。城乡关系一直是学术界研究的重点。伴随城镇化和工业化的发展，中国城乡关系逐渐走向融合发展。2017 年，党的十九大报告提出了实施乡村振兴战略和实施区域协调发展战略，并在 2018 年中央一号文件《关于实施乡村振兴战略的意见》中进一步明确提出了"建立健全城乡融合发展体制机制和政策体系"的要求。党的十九届五中全会提出，"全面实施乡村振兴战略，强化以工补农、以城带乡，推动形成工农互促、城乡互补、协调发展、共同繁荣的新型工农城乡关系，加快农业农村现代化"。城乡不是隔断和孤立发展的，只有尊重其开放、相互交融的发展规律，才能实现资源互补和共同发展，乡村振兴要放到城乡融合的时代发展背景中才能取得好的效果。城乡融合的本质是在城乡要素自由流动、公平与共享基础上的城乡协调和一体化发展。对于城乡融合发展，要素流动与城乡联系作为关联—共生发展总前提，其核心在于通过资源与环境、劳动力人口、资金、信息与技术等城乡要素以及产品与服务的流动，能够有效规避城市与乡村现有要素分布失衡的难题，从而完成城乡共有要素的重新组合。② 城乡要素的流动，不仅为城市发展带来动力，也为乡村发展带来活力。社会资本嵌入乡村发展，搭建城乡资金、劳动力和资源有效连接的纽带。一方面，促进资金要素的城乡流动。社会资本在村庄中投资经营，将外部的资本带到村庄。同时，游客也会在村庄旅游时进行消费，包括食宿、购买农副产品和其他项目的消费。这样，村民的收入增加，消费能力得到提升。另一方面，促进城乡劳动力要素的互动和交流。城镇化

① 张瑛，雷博健. 大都市远郊区乡村绅士化表征和机制研究——以北京市北沟村为例 [J]. 农业现代化研究，2022，43（03）：398-408.

② 范昊，景普秋. 基于互动融合的中国城乡关联-共生发展区域测度研究 [J]. 商业研究，2018（08）：45-54.

和工业化的加速发展，加快了农村劳动力向城镇流动，村庄"空心化"已经成为中国很多农村的现实。没有社会资本进驻的门头沟沿河城村，虽然是传统村落，有着很多古建遗址和传统文化遗产，但是常住人口不足百人，且以老年人为主，几乎没有外来人口。而三个有社会资本进入的村庄，不仅有城市游客的到访，也出现了新的劳动力群体——城市劳动力和返乡年轻人。"石光长城精品民宿""三卅精品民宿""北旯旮涮肉店""瓦厂酒店""瓦美术馆""小园餐馆"等经营项目所雇佣的员工，不仅有本村和周边村庄村民，也有从城市聘请的管理者和服务员，三个村庄也有返乡的青年从事民宿经营项目。村庄和工作场域成为城乡互动交流的空间，村民会把在工作场所学到的技能，或者看到的民宿空间设计带回家中，提升自己独立经营的能力。此外，社会资本进入也会由单纯的物质层面互动向精神层面提升，促进城乡文化和文明的交流融合。2009 年，当时的文化部与国家旅游局联合发布《关于促进文化与旅游结合发展的指导意见》，其中表述了文化和旅游的关系："文化是旅游的灵魂，旅游是文化的重要载体。"文化旅游本质是出于文化的动机而产生的人的活动，主要目的是为获得精神的享受和愉悦。长城脚下的村庄，不仅蕴藏着大多数传统村落所拥有的农耕文化、民间习俗、传统节庆、乡村艺术、美丽传说、手工技艺等文化传统，更因为古老的长城而具有更多关于城墙、关城、镇城、烽火台等古建本体、布局、造型、雕饰、绘画等的艺术文化价值，还有有关长城精神文化层面的诗词歌赋、民间文学、戏曲说唱等艺术。以往的乡村旅游，城市居民大多数是基于乡村自然山水和田园风光的吸引力。伴随生活水平的提高，人们更加追求精神层面需求的实现，不再单纯追求身体层面的放松，而需要寻找更有特色和品质的精神文化旅游产品。比如，"妫水人家"公司与"长城小站"开发的游学项目，通过设计"长城构造及功能""长城历史""长城砖搬运""长城保护""长城修建"等沉浸式体验活动，进行长城文化的教育活动。石峡村还依托村史博物馆设计民间手工艺制作项目，通过体验式教育活动，对村庄艺术进行展示和传承。北沟村瓦美术馆作为生长于乡村土地的美学教育基地，由城市的艺术家和村民共同参与完成，是城乡共生艺术产品的典型代表，既有现代艺术的特点，又有本土文化的呈现，是乡村日常生活空间中具有生命力的美学教育基地。在文旅融合发展的背景下，长城脚下的村庄依靠长城和村庄文化资源不断创造出更好的项目，如长城国家风景道、长城文化探访路线等。

二、社会组织在长城国家文化公园建设中的守护、教育和文化传播的作用

（一）社会组织为长城项目提供资金支持，是长城相关活动顺利进行的经济保障

长城因其体量巨大，跨越区域多，覆盖范围广，面对的问题也很复杂，如长城有危险性的墙体段落非常多，研究、保护和修缮的工作量巨大；沿途省市、乡镇村庄多，当地居民、运营机构和管理部门在长城国家文化公园建设中的责任和协调机制都处于构建阶段，仅依靠国家资金的投入无法实现。同时，国家文化公园作为一种公共文化产品，有着保护传承、文化教育、公共服务、旅游观光、休闲娱乐、科学研究功能，为公众提供游憩、观赏和接受教育的场所，让全体公民（尤其是相关社区及其居民）享受国家公园提供的福利，使民众感受自然人文之美，接受自然、生态、历史、文化教育，提升民族自豪感和文化认同感。国家文化公园公共文化服务产品的属性决定了全社会公众应当共同参与。公益基金会通过捐赠资金联合其他社会组织，在长城保护项目、长城脚下村庄的教育宣传活动以及长城的研究性修缮活动中，提供资金支持。前述研究资料显示，中国文物保护基金会、腾讯公益基金会作为社会公益组织，长期以来通过投入资金开展与长城有关的各种活动项目。如中国文物保护基金会联合长城小站进行"长城保护员加油包"项目，为长城保护员购买巡查装备、购置野外作业保险，还特别设立巡查奖励机制，根据巡查出勤记录、照片上传质量、险情处置情况等给予表彰和奖励。长城小站也会自筹资金，组织成员开展长城环境保护、长城知识和保护的宣讲以及邀请专家进行专业培训等。

（二）作为长城守护者，社会组织承担长城本体不受破坏和排查险情的职责

长城常年面临的威胁，不仅有长城本体材料结构的自然老化坍塌，有自然界不可抗拒的力量，如风蚀、雨（酸雨）水的侵蚀、洪水、泥石流、地震、地质沉降、雷电等，有历史上人类战争导致的长城墙体破坏和消亡，还有人类行为因素的影响，如长城脚下百姓为生产生活而进行的拆墙行为、旅游建

设等，城市建设或工业、农业、交通等建设项目施工中造成的破坏，个别游客和部分户外运动爱好者在长城上面刻画和乱扔垃圾，也会造成长城本体破坏。因此，长城的守护活动，包括本体的保护和周边生态环境的维护。长城保护的志愿服务活动，单靠个人力量无法实现。社会组织是长城保护重要的民间组织力量，是实现公众参与的关键途径。"国际长城之友"的创始人威廉·林赛和"长城小站"的创始人张俊都有相同的感触。社会组织创立之前，他们都在进行长城生态环境的保护活动，威廉·林赛捡拾长城上和周边的垃圾，张俊则是和朋友通过徒步、照片拍摄、捡拾垃圾等关注长城。这些个人活动的效果有限，他们也感到个人行动的力量弱小，于是开始呼吁和行动，招募有共同志向和愿望的成员加入团队，共同参与到长城保护的行动中。他们利用节假日，结合自己的专业特长，通过巡查和监视来排除安全隐患以及阻止破坏长城的行为。长城小站的创始人在接受采访时表示，"2004 年，长城小站志愿者在河北涞源县乌龙沟村见到一段保存完好的明长城，但当地人并不知道他们一直称之为'边墙'的这段墙体就是长城。所以，当小站志愿者两个月后再次来到这里，发现长城的垛墙被扒开好几处，坍倒一地。原来村里孩子从长城的墙缝里挖蝎子，然后卖给药材商，每只蝎子能得到几分到几毛钱。志愿者们扼腕叹息，也是从那时候起，大家意识到，长城脚下的村民也是守护长城的重要力量"。2007 年 5 月 2 日，"长城小站"晋军小队沿长城徒步，在通过大同市到丰镇市的 208 国道时，发现穿有"大同公路"反光背心的工人正在公路旁的土长城上挖地基并砌一道短墙。小站志愿者立刻上前向工人了解情况，指出在长城上取土是违法行为，要求立刻停止施工并开始拍照、录像取证。施工现场负责人表示，要在这里建一个类似长城垛口的矮墙表明进入山西地界。小站志愿者向他讲解全国长城保护条例，表明现在的施工是违法行为，如果继续下去，需要承担相应的法律责任，要求其立刻停止施工。交涉时，小站志愿者通过文保人士与国家文物局值班室取得了联系，最终制止了违法施工。社会组织不仅作为长城生态环境的保护者，承担周边环境清运和参与种树等环境保护活动，还协助中国文物保护机构进行长城保护的普法宣传和险情排查工作。

（三）长城国家公园建设的教育者角色，承担文化传承和传播的作用

长城国家文化公园的建设需要公众的普遍参与，尤其是关于长城知识的

普及、长城保护的宣传、长城价值的挖掘和长城精神的传承。长城小站创始人在接受采访时曾表示："在20多年的长城保护活动中，我们越来越意识到长城知识宣传教育的重要性。我最初对长城的认识仅仅局限于北京的八达岭长城。有朋友给我看箭扣长城的照片，我特别震撼，才知道长城不仅有八达岭长城，还有更多的内容。在长城小站成立之初，我们对长城的认知有限，在后续的学习过程中，才更全面地了解长城：长城不是一道孤立的城墙，而是以城墙为主体，同大量的城、障、亭、标相结合的防御体系……这些年，我们团队越来越意识到生活在长城周边的人们在长城保护中的重要作用，也越发觉得动员他们参与长城保护是长城国家文化公园建设的关键力量。一方面，他们常年生活在长城边，不仅要避免他们自己因为认知的局限而产生破坏长城的行为，还要充分利用他们得天独厚的监管优势；另一方面，要对当地人进行宣传教育，尤其是当地的孩子们，以学校为载体进行长城知识的传播。通过提高当地人的认知和参与保护的能力，才能实现对长城的有效保护。"2005年起，长城小站发起"家在长城边"活动，通过给乡亲们发宣传册、拍照，给孩子们捐书、讲长城故事、举行作文比赛等活动，传播长城保护知识。"没想到咱家门口的老墙是老祖宗留下的宝贝！"看着熟悉的长城得到越来越多人的保护，老乡们笑逐颜开，话语中透着自豪。"下雪后的长城更美，好像为大山围上一条长长的、白白的围巾。"动情的文字在孩子们笔下流淌，抒发着对家乡、对长城的热爱。长城小站也进行长城相关公益课程的开发，到城市小学进行宣讲。从小学四年级开始，针对不同年龄特点开设不同内容的课程，在城市学校内进行长城相关知识和保护的宣讲活动。长城小站也在高校开展长城相关内容的巡展活动。如今，长城小站通过各类研学活动和长城文创等项目的开发，不断尝试新的长城知识和文化的教育传播活动。通过在学校进行长城知识的讲解，在游学活动中带领学生沉浸式体验学习以及举办长城文化节等活动，进行长城知识的普及和长城文化的传播。

（四）长城国家文化公园建设数字资源的开发者角色，承担长城资源共享的作用

社会组织有自身的工作优势，如志愿服务成员有着多样的专业与特长，同时又具有志愿服务的奉献精神和热情。长城小站的创始人是IT行业从业人员，在接触长城之初他就着手建设自己的网站。在参与长城保护和宣传工作的 20 多年中，他结合团队成员的专业方向，利用业余时间不断收集与长城有关的资料，丰富和完善中国长城文献数据库、中国长城建筑与地理信息数据库（编辑整理长城敌楼、马面、墙体等长城建筑物的资料，并与实际的地理信息联系起来）、中国长城碑刻数据库、历史年表数据库、长城法规公文库、明长城史料书库、长城专家库等长城数据库资料。长城建筑与地理信息数据库包含历代长城数据 43000 多个，其他相关数据 2000 个，经纬度数据 43761 个/组，图片 90632 幅。① 整个数据库资料免费向公众开放，为长城的学术研究和长城资料的整合提供了重要的参考。访谈过程中，长城小站创始人说："长城数据库资料建设的想法来自团队成员，当时我们根据网上的一些资料进行长城徒步，但是发现网上的资料存在较多问题，团队成员讨论决定结合专业特长做我们自己的数据库。最初，我们步行对长城进行考察，通过拍照、检测和评估，收集、整理长城资料并建设长城数据库。近年来，因为担心我们组织的长城行走活动会被旅游组织仿效进而组织非法攀爬野长城的经营活动，因此我们逐渐减少野外活动。但也因此流失了一些志愿者（因为不能大规模组织长城徒步，一些志愿者逐渐退出长城小站），长城小站留下来的固定工作人员目前有 10 余个，是一群真正热爱长城、保护长城的人。团队成员通过查阅大量学术文献、地方志等资料，向专家学者请教，现在差不多整理完成 60%—70% 的长城数据资料。除了一些涉及长城安全的信息不能共享外，我们分享的数据库资料对于民间关于长城的研究起到了很大的作用，也收到了很多感谢。"

三、专业力量在长城国家文化公园建设中研究性修缮、价值挖掘和阐释等方面的作用

（一）地方性专业力量在长城保护中扮演修缮者的角色，承担长城古建修复和工艺传承的作用

长城的建造既体现整体性的规模布局，又有鲜明的时代特征、地域特色和工艺精髓。长城建造大多采用当时的工艺就地取材，是建造者和当地居民共同留下的带有不同时代痕迹和故事的千年巨作，是民族文化和地域文化的

---

① 小站官网对于数据来源的说明："资料来源，既有来自历史上发布的各种考察文献中的信息集合，也包含我国最新完成的长城资源调查信息，还有志愿者的贡献。"

融合。秦朝和春秋战国时期，长城建筑伊始即因地制宜地运用了当时修建墙体时常用的一种技术——夯土版筑（也叫夯筑或夯土技术）。秦朝的工匠们除了用夯土建造长城外，也会用石片交错叠压垒砌技术制作长城，这种由石片垒筑而成的长城比夯土长城更坚固。汉代工匠在修筑长城时延续使用了石片交错叠压垒砌技术和夯土版筑工艺，其中夯土版筑的技术已经成熟，但工匠们在修建长城时还大量使用土坯砌墙法。汉朝之后，砖石结构的长城数量越来越多，相关的制作工艺也在不断完善，此时的砖早已经不是珍贵的建筑材料了。比如北齐时期（550—577 年），当时的工匠们用石灰作为黏合剂，用砖石修筑了许多段长城用来抵御草原民族。明代修建长城的工匠们在山西省黄河以西的地区，主要使用夯土版筑修筑长城，而在山西省黄河以东地区则大量使用砖石作为修筑长城的材料，制作了大规模的砖砌长城。在修筑长城时，明朝工匠们常常会以坚固稳定的花岗岩块作为地基，然后用砖石和糯米砂浆搭建出两面基础宽度约 6.5 米、高约 7 米并互相平行的墙体（外檐墙和内檐墙），之后往墙体中间填入岩石和泥土等材料，以形成一个稳固的核心，然后再往填充物之上铺砌砖块作为顶面（步道）来制作长城。长城自修建之初均是由当地的匠人参与，是带有地域特点的建筑。如修长城的工程师程永茂总结出了"五随"法：随层、随坡、随弯、随旧、随残；修缮原则为"最小干预"，即修旧如旧，忠实于古长城的历史现状，留住历史沧桑感，成功保留古长城的旧貌。20 世纪 50 年代和 80 年代北京有两次大型的长城修复工作，也是由大量的当地匠人带领村民参与其中。调研期间，每个村中都会有一些从事建筑行业的村民，常年在农村帮着村民盖房子或者修建一些地方性建筑，年长一些的工匠参与过长城的修建工作。目前修建长城的队伍中，部分人是从当地召集的工匠。当地工匠参与长城的修建，一是能建立先辈和当代人的情感连接。感受先辈匠人的建造情感，将崇敬和怀念镌刻在长城建造的历史长河中，形成长城建造和维护的历史延续性。二是可以传承先辈的精湛技艺。这既是一个学习过程，也是一个代际传承过程。

（二）专业力量承担学术研究者的角色，在长城研究性修缮、价值挖掘等方面贡献力量

北京境内长城因历史上拱卫都城而布防严密，建造坚固，是中国长城的精华段落。根据 2012 年国家文物局长城资源调查和认定成果，北京市内北齐长城遗存 24 处、明长城遗存 2332 处；长城墙体全长 520.77 公里，包括北齐长城墙体 46.71 公里（14 段）、明长城墙体 474.06 公里（447 段），单体建筑 1742 座，包括敌台、马面、水关、铺房、烽火台 5 种类型，城关城堡 147 座，挡马墙 6 处。北京市境内长城遗存的材质类型以土、石、砖及山险为主，还包括山险墙及消失段和其他。长城北京段因其拱卫北京的特殊使命，成为有长城分布的 15 个省、自治区和直辖市中保存最完好、价值最突出、工程最复杂、文化最丰富的段落，是中国长城最杰出的代表。因此，北京境内的长城修缮难度更大，不仅需要丰富的修缮经验，还需要更多专业力量的参与。2021 年，北京把工作重心由长城一般性保护工程向研究性修缮项目转变，选取延庆区大庄科段长城和怀柔区箭扣长城为试点开展研究性修缮项目探索，力争总结一套关于长城保护修缮的可复制、可推广的北京经验。研究性修缮与一般性修缮不同，不仅要排险、加固，还要通过考古、建筑、材料、施工技术、植物等多学科合作，研究长城本体的演变过程、病害成因、赋存环境等。研究性修缮标志着北京的长城保护工作由注重抢救向抢救、研究、预防并重转变。延庆区大庄科段研究性修缮项目负责人、北京建筑大学教授汤羽扬说："本次研究性修缮项目形成了全专业、全周期的合作，进行了全程数字记录，帮助后期总结回顾、发现问题。"从工程启动开始就形成考古、设计、勘察、施工、建设单位共同工作的协同模式，即考古、设计、勘察、施工人员组成团队，在前期研究与勘察、设计方案制订、施工执行、成果整理环节中共同参与，各有分工，各阶段重点不同，形成全专业全周期的合作。2022年 8 月 17 日，一系列的箭扣长城考古新发现被公布。通过一块出土石碑，考古人员明确了长城建筑营建、倒塌时序——145 号敌台修建于万历十二年，144 号至 143 号敌台间的长城墙体修建于万历二十五年。即单体建筑的修建时间早于长城墙体，一定程度上复原了不同时期长城防御体系的样貌和发展变化。①

四、媒体对长城国家文化公园建设在募捐、教育和影响力扩大方面的作用

1984 年，由《北京日报》《北京晚报》号召进行的长城社会募捐活动产

---

① 展圣洁. 箭扣长城考古又有新发现，首次发掘出较完整长城炮台遗迹［N］. 新京报，2022-08-18.

生较大的影响力。媒体作为宣传者，在一定程度上提升了长城在世界范围内的影响力。

此外，媒体作为记录者和讲述者，具有宣传教育的功能。媒体记者通过对长城抢险、施工技术传承、研究性修缮、长城保护员、科技赋能长城保护等方面进行多方位、多角度的跟踪报道，让更多的人了解长城、保护长城。

第六章

长城国家文化公园建设和保护中社会力量参与的问题分析

第一节 村庄作为参与长城国家文化公园建设的内部力量所面临的问题

一、长城国家文化公园沿线村庄的经济发展水平差异大

长城沿线的村庄发展情况差异较大，长城开发程度直接影响村庄旅游业的发展状况。调研过程中，64.6%的村民认为长城国家文化公园的建设可以使村民收入增加。在已经开发的长城景区，村民收入来源有三个方面。一是景区招募村民就业。如慕田峪长城景区为周边村庄的村民提供了百余个工作岗位，由于地理位置的优势，最多时有100多人在慕田峪长城景区内从事各项工作，目前也有80人左右仍然在景区内工作。二是临近景区有商品销售的优势。慕田峪村庄坐落在慕田峪长城景区内，商品经营几乎是所有村民家庭重要的收入来源，村内有商品销售营业执照村民的超过200多户。2020年新冠疫情之前，慕田峪长城每天接待大量的外国游客，村民会批发一些销量很好的民族文化小商品，收入普遍较高，每年的家庭收入会达到7万左右。石峡村普通农户也会因为售卖一些山菜和蘑菇等土特产，每年多几千元的收入。三是民宿经营收入。经营民宿是长城沿线村庄重要的收入来源，尤其对已经开发为景区的长城沿线更是如此。慕田峪长城从1984年就向公众开放，基于慕田峪长城的国际声望，很多外国人落户到周边的慕田峪、辛营、北沟和田仙峪四个村，修建了具有国际化理念的民宿、酒店和艺术展馆，周边村民纷纷仿效，建设非常有特色的民宿。调研数据显示，慕田峪村家庭年收入在8万元以上，占调研人数的40%。慕田峪村党支部书记在接受访谈时说："我们这里一般民宿户家庭年收入基本在10万—20万元，销售纪念品的经营户或只

销售农产品的村民，一年也会有 5 万—7 万元的收入。"石峡村地带的长城目前为止还没有以景区的形式对外开放，但是因为其位于残长城、石峡关长城脚下，又临近八达岭长城景区，也积极发展民宿旅游项目，除社会资本投资的高端精品民宿，普通民宿户每年也有 6 万元左右的收入。但是相比于景区附近的村庄，收入整体偏低。调研数据显示，石峡村家庭年收入整体不高，非民宿户家庭年收入主要集中在 2 万元及以下，占调研人数的 35%；家庭年收入在 8 万元以上的村民，占调研人数的 16.7%（均为民宿户）。另外一些城堡型村落，因为地理位置距离市区较远，长城资源也没有得到很好的开发利用，收入来源较为单一，收入也较低，村民几乎没有经营性收入。大多数村民还是通过做村庄护林员、保洁员以及售卖少量经济作物（如板栗、糖心梨等）获取收入。如门头沟区沿河城村，家庭年收入在 2 万元以下的村民占调研总数的近半数，大多数农户家庭收入较低。

二、长城国家文化公园建设中沿线村庄参与力量薄弱

长城国家文化公园建设的村庄参与力量主要有以下几方面特征。第一，长城保护和修缮的专业力量不足。21 世纪初，各地开始陆续实行"长城保护员"制度，但是未能形成较大的职业规模，而且首批长城保护员收入很低，人员配置也不足。2019 年，北京市推出"长城专职保护员"制度，在有长城资源的六个区聘请专职长城保护员，负责日常巡护、捡拾垃圾、及时上报险情、对游客违规攀爬进行劝阻等。调研发现，目前专职进行长城保护的人员还不能满足地方性保护的要求。如门头沟区沿河城村整个村落被城墙完全包裹，是第三批中国传统村落之一，也是长城国家文化公园建设的重要点位，但目前村庄内并没有设置专职长城保护员；慕田峪村除了已经开放的慕田峪长城景区，村域范围内仍然有非常重要的长城段位，但村内并没有设置长城保护员岗位，承担村内长城保护的是 2 名外村村民，存在岗位缺口。另外，长城保护员的性别和年龄结构不合理。村庄的"空心化"和人口老龄化使村庄内担任专职长城保护员的村民多为年长女性。如我们调研的一个村有 6 名护城员，其中女性 4 人，男性 2 人，平均年龄 40 多岁。长城保护员需要每周至少 3 次到长城及周边地区巡视，每天 8 小时工作时长，风雨无阻，除了汇报险情还需要捡拾游客遗留的大量垃圾，有时候会出现体力不支的情况。长城脚下的部分村庄拥有本土工匠，他们世世代代生活于此，有的村民就是曾

经参与修建长城的工匠的后代。他们对本村域范围内长城的熟悉程度、深厚感情以及他们修建长城的技艺是其他外地人员无法赶超的先天优势，是长城古建筑"修旧如旧"，实现"最小干扰为原则"的重要力量。但目前长城修缮工程的招标原则必须要有古建修复资质，这些拥有本土性修缮长城技艺的村民很难有机会参与长城修缮的项目中。伴随这些工匠的老龄化，如果不能有相关的政策和激励措施，他们本身无法参与长城的修缮，也不能将已有的技艺传承给年轻的村民，本土化修缮的技艺有可能伴随这些老人的离去而消失，出现本土技艺断裂的风险。第二，村庄参与的自组织力量薄弱。村民是长城保护不可或缺的重要本土力量，"参与长城保护20年，去过很多长城所在地的村庄，越来越感觉到当地村民在保护中的重要作用。他们每天生产生活于此，长城是他们生活空间的重要组成部分。除了提高他们的认知令其不破坏长城，更重要的是他们有更多的时间和能力来保护长城"（长城小站负责人访谈资料）。但是个体参与保护呈现出分散性、碎片化、较为随意的形式，不能够发挥更大的保护作用。正如村民所说"我们不常去长城，不像长城保护员，他们拿工资。当然，要是上山干活看到了，还是要管的，长城是国家文物，不能破坏。要是有游客问我，我们这边长城怎么样，我会把我知道的说一说"（村民访谈资料）。因此，以社区内志愿服务组织的形式把分散、有限的村民个体力量组织起来，将保护长城的行为由无序状态变为有序状态，把有限的个体力量变为强大的集体合力，是对长城职业保护力量不足的重要补充。调研也显示，村民参与长城国家文化公园建设的意愿比较强烈，如95.6%的村民表示愿意参与，但46%的受访者都希望能有人来组织，因为自己并不知道应该怎么参与，能参与什么。虽然村民都表达了对长城保护的参与态度，但以组织的方式进行长城保护活动仍然是村民倾向的参与形式。调研的4个样本村庄中，只有一个村庄在2020年6月通过招募村民组建了一个由15人构成的长城志愿者团队，并由所在区文旅局派专家对其进行20天左右关于长城知识的培训，希望以此为建设开端，由村民志愿服务组织参与长城的保护和宣讲活动。但实地调研显示，由于缺少系统的自组织发展培育机制，此志愿服务组织的建设和可持续发展后劲不足，目前也是处于较为松散的状态，未能发挥重要作用。第三，村民参与能力受限。村民参与长城的保护和文化传承不仅体现在保护长城本体免受损坏，也需要村民在参与过程中成为长城文化的传承者和传播者。长城的保护和文化传承需要对长城文化有全面的认知，才能提升参与的有效性。长城脚下的村民，虽然世世代代生长于此，但对长城知识的了解却相对有限。村民没有系统地掌握长城的建造技术、长城不同构成部分的功能、长城的价值等，一方面由于政府和村组织层面没有意识到对村民进行长城相关知识培训的重要性，另一方面也来自村民本身的文化水平的限制。调研的 206 个村民，有 54.9% 为初中以下文化水平。因此，在问到"希望获得哪些方面的培训时"，村民们表示希望获得长城历史知识培训（66%）、生态环境保护的知识和能力（56.3%）、长城保护技能培训（53.9%）等内容，但目前大多数村庄依靠自己的力量并不能满足村民的此项要求，需要外部资源给予支持。另外，数字化技术和互联网的普及，为村民参与长城保护和文化传承带来更多机遇和挑战，如对职业保护员来说，可以通过微信工作群将发现的问题拍照上传，使问题得到迅速解决，但村庄本身的数字化基础设施建设还有待完善，大多数村民的数字化素养有待提升，利用数字技术进行长城文化创造和传播的能力还不足。

三、长城国家文化公园沿线村庄的特色文化挖掘不足

长城国家文化公园是一个拥有丰富文化空间的国家公园。长城沿线的村庄大多地处山区，村民在长期的生产和生活实践中创造出许多具有地方特色的文化传统，更有一些村庄文化是伴随长城一起被创造出来的。曾经参与长城砖石和夯土的建造，也为当时修建长城的士兵和工匠提供生活必需品。这些村庄大多依托长城资源而发展，但在发展过程中只追求经济价值，忽视对村庄传统文化和特色文化的关注，忽视对村庄自身价值的挖掘和阐释，使一些有价值的村庄传统文化渐渐消失，突出体现在以下两个方面。一是特色物质文化空间消退。在北京区域的长城沿线，村庄民居大多依山而建，村庄街区很好地融入周边山区环境，但因为民宿的扩张式发展，布局开始杂乱，失去原有的空间布局特色。在民居品质方面，传统民居就地取材，搭建石头院落、石头房子，与自然环境相融，形成别具特色的民居，但新修建的民居已失去村庄原有特色。也有一些村落的古代建筑遗迹已经消失，只剩下传说。二是缺少对村庄的非物质文化遗产的挖掘。长城附近的村庄，不仅有大量的非物质文化遗存，也拥有具有地方特色的多元传统文化。但由于村庄发展能力的限制，村庄特色文化的挖掘、传承和创新仅凭自身力量难以持续。如1578 年建成的沿河城村基于镇守城堡的将领和士兵而形成"军旅遗风，民尚

忠永"的军事文化、"以堡为城"的城堡文化等；石峡村流传的"李闯王闯关""三疑记"等文化故事，都需要进一步地挖掘和呈现；村内民宿文化特色不够鲜明，未能很好地呈现与长城以及村落传统有关的文化元素，也未能很好地开发利用与长城有关的文化资源；古北口镇不仅拥有丰富的长城资源，更是具有多元民族文化、红色文化和庙宇文化的"历史文化古镇"，村庄的农耕文化、村风民俗、饮食文化和宗庙文化等，都有待进一步地挖掘，从而整合到长城国家文化公园的建设中。

第二节　游客参与长城国家文化公园建设和保护存在的问题

一、对游客进行长城保护的教育和监管不足

一是游客对长城本体的破坏行为时有发生。如2021年3月21日，三名游客在八达岭景区用硬币、发卡在长城墙体上刻字。八达岭特区办事处工作人员表示，长城刻字的行为从景区开放以来就未曾中断过，有的游客带着刀子在墙砖上刻字，刻痕非常深，所造成的损伤不会随风化消失，基本是不可逆的。2019年，北京市古代建筑研究所科技保护研究室曾对八达岭长城砖的病害展开调查。研究人员选择了10处被刻字的墙砖，用弹击锤测量墙砖的回弹强度，结果发现因刻画损坏后的砖强度明显低于未损坏的砖。此外，被损坏的墙砖抗水渗入性能也明显下降。二是游客对长城生态环境的破坏屡禁不止。对于景区内的长城，因为有视频监控和工作人员，大多数游客能够将垃圾丢到垃圾桶里，但是对于未开放的野长城，慕名而来的国内外驴友络绎不绝，有的驴友会夜宿长城，矿泉水瓶、塑料袋、包装纸等人为垃圾较多。长城一年最少要接待1000多万的游客，每年从长城上清理下来的垃圾都多达数千吨，这无疑破坏了长城的生态风貌。2019年的长城环境整治工作从当年8月持续到12月，共捡拾矿泉水瓶等各种污染物约7吨，清除乱刻乱画3000余处。比修复工作更难的是，由于无法监管，少部分游客会偷偷地把砖头当成纪念物带下山。三是对长城保护的监管不足。北京周边游热度不减，京郊尚

未开发的野长城更是受到不少人的追捧，甚至偷偷形成攀爬野长城的产业链。如位于北京市怀柔区九渡河镇境内的黄花城长城是"全国重点文物保护单位"，在未开放旅游之前，属于野长城。但因其可通向慕田峪等多段知名长城，加上其紧邻有着"金汤池"美誉的黄花城水库，许多游客慕名而来，甚至有组织地进行长城徒步活动。尽管大多数未开放段落都有十分醒目的蓝色警示牌："保护长城，人人有责。未开放长城，禁止攀登。"但多数游客视而不见。另外，还有因野蛮休闲和旅游而破坏长城及其周边生态环境的行为。为防止水源受到污染，怀柔区水务局从2010年就立碑警告：请勿在河流、水库内钓鱼。但是总有人偷偷垂钓并留下一地垃圾，如矿泉水瓶、零食袋、卫生纸。也有些村民为了获取经济利益，不仅在黄花城水库边经营着垂钓生意，还在自家果园中开辟一条登长城的小路，收取过路费，也称其为"门票费"，协助游客攀爬未开放地段。

二、针对游客的长城文化知识宣传较少且形式单一

前述调研结果显示游客对长城知识的了解较少，大多数游客表示对长城知识的了解很少。当问及对长城知识的了解是指哪些知识时，游客说出的最频繁的词句为"不到长城非好汉""长城是万里长城""是中国人民的骄傲""是历史文化遗产""是用来防御的"，对长城保护相关知识的了解为"不能乱刻乱画、不能乱丢垃圾"等，关于长城故事，大多数游客会说"秦始皇修长城""孟姜女哭倒长城"等耳熟能详的内容，而对长城的构造工艺、长城文化价值、长城呈现的精神和参观点位具体的长城故事等都知之甚少，大多数游客表示"有时会看一下展示牌子，具体的了解较少"。我们在村庄实地勘察时也发现关于长城知识的介绍较少，大多数是在入口的牌匾或者展示栏里有着关于参观段落的简介，长城相关知识的展示和普及还远远不够。长城国家文化公园建设的目标是整合文物和文化资源，实现保护传承、文化教育、公共服务、旅游观光、休闲娱乐、科学研究等功能，形成具有特定开放空间的公共文化载体，集中打造中华文化标志。要实现这些目标和功能，需要采取多种有效的传播方式，加强长城国家文化公园等相关文化知识的宣传和教育。

三、游客参与长城文化保护和宣传的路径不清晰

目前，长城国家文化公园的建设还缺少公众参与的平台。尽管有一些交

流平台可以供公众参与长城的讨论和交流，但是这些平台的互动性还有待提高。很多平台只是展示相关信息，并未提供公众互动参与的机会。公众参与应该是一个双向交流的过程，需要建立更加开放和有序的互动平台。据网络相关资料，长城小站、国际长城之友等社会组织有官方网站、官方微博和公众号，但对大多数游客来说，在未能有足够的参与意识和参与动机之前，很少有人会主动参与相关志愿服务活动。据前述的调研数字，游客对长城保护面临问题的认知排在第　位的是公众重视度不够，游客大部分没参加过长城保护的相关活动。普通游客的访谈资料也显示，"不知道怎样参与"是有意愿参与长城文化保护和传播但没有参与途径的游客的主要诉求。另外，对于一些资深"驴友"的调研也有同样的反馈。一个有10多年户外徒步经验的驴友在访谈中表示：因为喜欢户外徒步，所以比较关注户外登山和长城徒步这方面的活动项目；最初是约朋友登山游玩，后来通过查阅资料，知道了"517户外活动网站"，会选择喜欢的项目参与。这些活动参加得越来越多，她也有了一些经验，有时自己会组织活动。目前她参加了北京蓝天救援队（中国民间专业、独立的纯公益紧急救援）的活动，并且成为其中的主要成员，参加一些山野救援活动。关于长城的徒步活动，她一共参加了10多次。她很喜欢长城，但也只是参与他人组织的徒步，自己没有组织过。每次去徒步，团队成员基本能做到垃圾随身携带。对于长城的保护和宣传，她表示并不知道怎样参与。但是，如果有人组织，她表示自己很愿意参加。由此可见，游客参与长城国家文化公园建设的困境体现在以下几个方面。一是不能及时获取相关信息。游客或其他公众参与长城国家文化公园的建设和保护，信息传递存在滞后和不准确的情况。有时候，重要的信息无法及时传达给公众，导致公众错过了参与的机会。二是缺少参与的渠道。目前，公众参与长城国家文化公园建设和保护的渠道相对单一，主要以媒体和官方网站为主。这种单一的渠道限制了公众参与的广度和深度，无法满足不同人群的参与需求。一些公众由于信息检索能力受限以及因为虚假网络信息的不良影响而产生信任缺失，这些都限制了他们的参与。

第三节　其他社会力量参与长城国家文化公园
建设和保护中存在的问题

一、社会资本（企业或个人投资）参与长城国家文化公园建设和保护中存在的问题

社会资本进入社区开发经营，带来一定的品牌效应，也使社区成为所在地政府重点打造的场域，为社区基础设施改造以及村庄发展带来资源支持。但在引进社会资本的过程中，不仅需要政府的支持，更需要村庄本身拥有的长城特色资源能够吸引社会资本进入。城堡型村落因为紧邻长城，具有核心资源竞争力，在吸引社会资本方面具有一定的优势。但是，社会资本进入和村庄发展存在两难问题。

1. 社会资本进驻城堡型村落有可能削弱村民在长城国家文化公园建设和保护中的主体地位

村民是村庄建设和发展的主体，同时也是长城国家文化公园建设中村庄层面的主体力量。城堡型村落因为紧邻长城，成为长城国家文化公园的重要构成空间，这对参与长城建造的村民来说具有重要的意义。他们世代生活于此，通过参与长城本体的保护、长城文化创造和传承，已经使区域内的长城带有地方性的文化特色。社会资本通过盘活村庄闲置房屋等，将其改造成高端民宿或者酒店，同时投入更多的人力资本和资金进行品牌打造和对外宣传。与普通民宿相比，这些酒店的服务水平要高于一般农户，具有竞争优势，更能吸引游客。社会资本在村庄经营的过程中，村庄和村民力量相对弱化，表现在以下三个方面。一是防止当地政府在长城国家文化公园建设中忽视村庄和村民主体的参与性。长城国家文化公园的建设给长城沿线的区域经济和社会发展带来新的机遇，社会资本本身的逐利性，对区域经济的发展具有重大的影响。在长城国家文化公园的建设中，资本会凭借市场敏感度、资源优势、文化创新意识、参与影响等方面的能力而拥有更多的话语权和主导性。在参与过程中，社会资本与相关建设部门有更多的关联，区域内政府也因为长城

国家文化公园的建设机会而尤为重视能够为当地带来足够社会影响力的社会资本，提供更多的扶持，如果缺少对村庄和村民的调研和建议征求，会造成村民和村庄主体地位的缺失。二是村庄基层组织在长城国家文化公园建设和保护中的参与动力不足。村党支部和村委会作为村庄层面重要的组织力量，在长城国家文化公园建设中承担重要的领导和组织作用。但大多数村两委干部都是在村中直接产生，在学历、工作能力和见识方面比创业的社会资本弱，容易在共同参与中处于弱势，尤其在集中精力通过资本创建区域品牌时，村组织会表现出参与动力和能力的不足。三是防止社会资本在运营过程中的大规模扩张替代村民的主体性参与。其一，社会资本盘活村庄闲置房产既有积极的影响，可以丰富村庄的业态，增加村庄的活力和对外的吸引力，也使房屋主人获得一定的经济收入，但同时也带来另一种可能，即本地村民会越来越少。比如在空置房屋被租赁盘活之前，有些村民即便在县城有房子，但为了照顾村子里的房子，也会选择经常回到村庄，同时也会参与村里的一些活动。但当有租金收入时，有些村民在利益的驱动下，会将自己的房产出租出去。"2009 年时，一个宅基地一年租金 1 万元，租 30 年就是 30 万元。但现在，一个宅基地最多租 20 年，租金 300 万元""定居北沟村的家庭，30%—40%都是外来人口"（2049 集团负责人接受第一财经访谈资料）。① 如果村里的原住民越来越少，成为外来人员投资建设的村庄，没有本村村民参与建设的村庄就失去了本土的特色。其二，社会资本参与长城文化的挖掘和利用，如果不能和村基层组织联合、邀请和组织村民参与其中，村民会主动将自己排除在外。外部资本进入之前，村民将长城视为村庄的重要资源，看作"我们村的长城"，因而具有重要的保护意识。社会资本因为长城资源而进驻村庄，村民认为是社会资本带来更多的游客，因而社会资本对长城的保护具有更大的责任。尤其在比较利益的影响下，如"钱都是他们挣了，他们更应该好好保护长城"（村民访谈资料），从而降低自己的责任感。其三，村民对长城知识的了解有限，限制了村民主体作用的有效实现。村民整体文化水平不高，有一些缺少对长城基本知识的了解。需要将村民组织起来，进行社区教育，传递更多与长城相关的知识，增加文化自觉，坚守村民在长城国家文化

---

① 长城脚下北沟村网红建筑扎堆，有村民牵着驴进美术馆 . 第一财经，（2022-01-28）［2023-12-16］. https：//baijiahao. baidu. com/s？id=1723168195031023569&wfr=spider&for=pc.

公园建设和保护中的主体地位。

2. 社会资本进驻城堡型村落有可能使本土文化面临弱化的风险

乡土文化由当地村民数代人生产、生活而共同创造，包含民俗风情、传说故事、古建遗存、名人传记、村规民约、家族族谱、传统技艺、古树名木等诸多方面。世代在村子里生产、生活的村民是乡土文化的"人脉"载体，村庄公共空间、民居建筑、街巷肌理和生态环境是乡土文化呈现的"物质空间"载体；村民的穿衣打扮、民俗活动、日常交往、言谈举止是乡土文化的"表征"符号。进入村庄的社会资本弱化乡土文化的风险体现在以下三个方面。一是经营的物质空间，如果不能很好地融入村庄民居建筑风格，会破坏村庄整体建筑风格的和谐。进入社区的社会资本大多不是当地人，本身就缺少根植于村庄的文化烙印，如果在投资民宿的过程中未能有相关政策的约束，缺少对村庄整体环境的思考，片面追求经济价值，在物质空间打造中主要考虑眼前利润的需要，忽视与当地自然环境和本土建筑风格的结合，也不愿意花费更多精力和资金来挖掘村庄的文化传统并将其融合到经营中去，这样就会改变原有的乡村质朴的空间状态。二是村民在仿效的过程中，容易失去本土文化的特点。社会资本在经营方面的能力，容易形成示范作用，引发村民纷纷仿效，如建筑风格、经营方式、产品开发等内容。在传统的农业社会，由于知识文化水平的限制，农民习惯以相对成熟的经验和技术作为指导，当看到某户做成功某件事，村民会以其为榜样，纷纷模仿学习，这也是传统农村社会技术推广中常见的方法。前述研究过程中可知，在北沟村、慕田峪村，都出现村民模仿外来资本经营的民宿风格而改建自家的民宿的案例。由此可见，在村庄发展建设中，榜样示范具有非常重要的作用。如果示范本身偏离村庄传统，会带来村庄空间特色消失的风险。三是社会资本如果不能很好地挖掘并利用本土文化，会使本土文化日渐式微直至消失。伴随"空心村"和老龄化村庄的出现，本地特色传统文化也日渐式微，一方面是外来文化的冲击，让人们逐渐遗忘村庄的传统，尤其当老年村民相继离去，另一方面是因年长无力无法再守护传统文化时，村庄特有的文化特点会被慢慢遗忘。村里的年轻人自从读书开始，大多就已经离开村庄，对村庄的文化本没有太多深刻的记忆，又沉浸于城镇的文化环境中，容易出现乡土文化的断层。社会资本进入村庄，如果没有将村庄特色文化元素嵌入经营项目，不把当地的民风民俗传统与自身的发展经营联系到一起，并进行优化创新，很可能弱化当地的文化传统，同时也会影响自身的可持续发展。

3. 社会资本与当地社区相互融合的问题

社会资本进驻村庄，面临与当地村民交往互动以及嵌入村庄的生产生活中的过程，具体表现为以下几个方面。

一是对村庄生活生态环境的影响。一般来说，乡村远离都市喧嚣的环境，工业污染少，风景宜人，空气清新，民风淳朴，是很多在大城市上班和生活的百姓的世外桃源，他们愿意到这样的地方旅游休憩，这也使村庄面临维护生态环境、保护文化传统和通过旅游促进发展的两难。进入村庄的社会资本经营能力和水平普遍较高，会吸引更多的游客进入村庄，对村庄的生态环境带来一些影响，如产生更多的垃圾、制造更多的噪声、遛狗影响他人等问题，同时大量的私家车进入村庄会带来环境管理的难度。"目前比较大的问题是停车。逢年过节客流量大的时候，交通拥堵是常态。我们村子可用的建设用地较少，没有较大的空间建设停车场，车多的时候，村委会就得派两个人专门管理一下停车问题。你看，只要是空地，都被车占满了。来我们村的村路又相对狭窄，大多时候都要堵上好几个小时才能进来，道路拥堵时村民自己都回不来，我们也没有办法。新冠疫情发生的几年间，北京人不能到外地旅游，周末到村里游玩的人比较多，交通压力明显增加"（某村村支部书记访谈资料）。这也是目前山地村庄普遍面临的问题，调研团队在北京门头沟区涧沟村访谈时也同样探讨过此问题。另外在调研期间，团队成员看到村庄有在进行道路下水道的维修工作，就有村民表示"餐厅客流量那么大，下水道堵塞是经常的问题，所以就修呗"。

二是与村民之间的交往互动关系问题。费孝通在《乡土中国》一书中提到"怎样才能成为村子里的人？大体上有两个条件：一是要生根在土里，在村子里有土地；第二是要通过婚姻进入当地的亲属圈子"。[①] 村庄作为大多数村民世世代代生活的地方，基于土地和婚姻，形成一个共同体，基本是一个熟人社会。社会资本作为投资经营的外来人进入村庄，对于村民而言，很容易对其产生抵触和排斥的情绪。虽然村庄越来越开放，流动性已经被广泛接受，有到城里打工的村民，就有到农村投资的城里人，城乡二元结构因户籍所形成的法定身份界定在慢慢变弱，但对于流动性较小的当地村民来说，尤

---

① 费孝通. 乡土中国 [M]. 北京：中信出版社，2019：103-104.

其是对有着强烈身份认同的村庄共同体来说，仍然有"不是我们村的人"的身份判断，"他们就是到我们村投资挣钱的，不是我们村的人"（村民访谈资料）。被问到"你觉得他们是我们村的一名成员吗"，村民认为"他们虽然租我们村的房子做生意，但家也不在我们村，户口也不是我们村的，不是我们村的成员"（村民访谈资料）。社会资本在村庄内投资经营，不是孤立于村庄之外的独立个体，是要嵌入村庄空间环境和村民互动关系，因此，和村民"搞好关系"、被村民接纳成为很多社会资本要做的工作。虽然社会资本进入村庄的方式不同（慕田峪村外来资本是以村民为桥梁和纽带，租住村民房屋进入村庄，属于个体嵌入方式；北沟村社会资本通过与村组织搞好关系，以基层组织为中间纽带而进入村庄，属于组织嵌入方式；石峡村社会资本是通过区文委与基层组织联系，是一种自上而下的嵌入方式），但无一例外需要经历"进入—嵌入—共生"的过程。社会资本嵌入村庄的策略体现在以下几个方面。其一，通过打招呼、聊天等方式，增加与村民的熟悉感，建立情感连接。调研村庄的外来资本，初为村庄的"陌生人"，都会通过和村民见面打招呼、"没事和遇到的村民聊天"等方式，逐渐增加熟悉感。"我虽然不是这个村的，但我老家（沈家营镇前吕庄村）也属延庆，风俗习惯都一样。我刚到这个村，没有陌生感。我喜欢和村民聊天，没事的时候，就和他们在门口唠点家常。"（石峡村长城石光民宿经营者访谈资料）"来我们村的老外，虽然没有太多的接触，但感觉都挺和气的，我们虽然语言不通，但是每次在村里碰到，他都冲我们笑，有时候还用中文说你好。他媳妇是中国人，有时候会和他媳妇说几句话……没什么可聊的，他们是城里人，不会和我们聊家长里短，但是我们在设计民宿时，会托人找他们给出主意，他们设计的民宿挺受欢迎的，毕竟他们是搞设计的……"（慕田峪村民访谈资料）2049集团负责人在一些公开访谈中提到和村里人相当熟络，串门聊天、吃个便饭是常有的事。通过打招呼和聊天等日常生活中的互动方式，社会资本和当地村民慢慢建立一种熟人关系。其二，通过身份的自我建构，破解"局外人"的难题，建立社会意义的身份认同。调研村庄的所有外来经营者，均表明自己是这个村"名誉村民"的社会身份。"名誉村民"是近些年兴起的，对那些进入村庄、以村庄成员身份做出努力和贡献、户口不在本村的外来人的一种身份界定。"名誉村民"户口不在本村，不是法定意义的本村村民，不参与村庄的集体利益分配，是具有社会意义的身份界定，可以通过自身和村民的认同和接纳，为村庄的发展贡献力量。也有外来经营者表示自己是"新村民"，而不仅仅是经营者。他们常年住在村庄，视自己为村庄中的一员，在表述中强调自己"新村民"的身份。村里基层组织也认同这种说法，"他们是我们村的名誉村民，给我们村带来很多资源，对我们村帮助很大"（石峡村村支部书记访谈资料）。外来经营者通过身份的自我建构，也得到村基层组织的认可，既是一种自我认同，也是一种融入村庄的策略。其三，通过"随份子"等当地习俗，主动参与村民的日常生活，增加被接纳的程度。"随份子"或称之为"随礼"，是在社会交往互动中，人与人沟通感情的一种方式，尤其在农村日常生活中，作为一种文化传统，是村民表达情感、建立关系网络非常重要的形式，是村民生活方式的一部分。"礼物馈赠视作一种创造、维持并强化各种社会关系的文化机制"，① 有着不同的表达形式。互送礼物仍然是当代村庄的文化传统，村民保留着通过"随份子"来建立各种社会关系网络的连接。虽然村规民约强调新事新办，通过约定减少"随份子"的数额，但是这种表达情感的形式没有变化。社会资本进入村庄，外来经营者也通过"随份子"来建立与村民之间的关系。"刚开始到这个村，通过村委会介绍，我们聘请了村里一名比较能干的大姐来我这里工作，因为我不太熟悉这边的村民，她是本地的，村里哪家有个红白喜事，她就带着我去随份子，如果我忙的时候，也是包一个'大红包'送过去，表示一下心意。一来二去，就和村里人熟悉了"（调研村庄精品民宿经营者访谈资料）。外来经营者通过"包红包"的方式，作为一种表达性和工具性兼具的随礼行为，其目的是建立一个有利于自己经营环境的村庄关系网络。其四，通过让渡一些利润的方式，以二次分配的福利规则，给村民一些利益。调研的几个村庄，是社会资本运营相对成功的村庄，他们经营的这些年，通过拿出部分利润，为村民发放福利，增加村民的信任以及接纳。社会学的交换理论认为：人们之间的交往关系，本质上是一种交换关系。社会资本为了搞好与当地村民的关系，逢年过节，都会拿出现金，为村民送点福利，如每家每户的米面油等（慕田峪村），也会每天给 65 岁以上的老人一包牛奶、一颗鸡蛋（妫水人家公司）；还有为村里 70 岁以上老人每天提供免费的餐食（2049 集团）。但是在比较利益的心态下，还是会有村民表达不满。

---

① 阎云翔. 礼物的流动 [M]. 上海：上海人民出版社，2000：95.

三是社会资本进入村庄产生业缘关系和地缘关系的协调问题。社会资本虽然通过提供就业岗位，如石峡村石光长城精品民宿、北沟村的三卅酒店等，给村庄部分村民带来经济收入的提高，但也带来企业现代管理制度和人情关系之间的两难。一方面体现在现代企业管理与村民的工作适应性。传统农村社会生产和生活方式具有相对的自由性，尤其是农村经济体制改革与家庭联产承包责任制所形成的家庭工作模式，时间都由个人决定和支配，农业劳动质量也由农民自己决定，相对现代企业管理制度来说没有那么严格的要求。所以，当村民到企业工作时会产生很难适应的现状，尤其是当村庄的劳动力以中老年人和女性为主时表现较为突出。社会资本在岗位雇用上有一定的管理要求，但村庄熟人社会的特点所产生的人际关系，并不能适应企业的管理经营模式。访谈中，精品民宿的经营者表示"雇佣当地村民，在管理上会带来很多困难，处理不好，就会激化矛盾。他们（村民）彼此之间联系比较紧密，有可能演化成和全村大部分村民的矛盾。不如雇佣外来的村民，或者从城里雇佣，关系简单些，也更好管理。干得不好，根据劳动法和合同法直接辞退，而雇佣当地村民就没有那么简单……"（样本村庄民宿经营者访谈资料）。从村民的视角，也会有不同的理解。"在他们那里工作，要求特别多，每天几点上班几点下班都有严格的规定，工作期间也不能看手机，像我们家里还有老人，有时候会有急事，需要随时看看手机；另外，我比较喜欢看短视频，不忙时看会儿手机，又没有影响工作……每天都要检查，不小心没做好的事也会被领导在开会时说……在家里干活就没这些事情，所以不太愿意被人管着……"（村民访谈资料）。另一方面是民宿的规模经营会出现游客的聚集效应，对村庄没有经营项目的村民来说，会产生一些偶发性的利益伤害。调研期间，村民对个别游客偷偷采摘农产品的问题反映较多。访谈中，就有村民表示"秋天是我们这里的旅游旺季，有时候他们是单位组织，用大巴车拉过来，人数比较多，有些不守规矩的客人会进入我们承包的山场，采摘我们的核桃、杏等""另外，游客在住宿期间，尤其是单位组织年轻人较多时，会举办一些活动，他们是城里人，睡觉比较晚，烧烤、唱歌等都会影响村民的休息""不像我们之前，每家的接待能力有限，大部分都是家庭为单位，或者几个人，我们也没有那么多设备，不会出现大量游客聚集的活动，尤其是还要考虑街坊邻居之间的关系，不能影响别人睡觉，我们农村不像城里，睡觉都比较早"（村民访谈资料）。民宿的规模经营引发的问题，对村民来说既是一种客观事实，也会产生一种比较利益心态下的不平衡，尽管社会资本在村庄社会网络构建、福利分配等方面做出很大努力，但还需要从治理角度，与村两委合作，一方面做好游客的教育，另一方面需要做好双方的沟通工作。

四是外来资本和当地村民经营的民宿户之间的利益关系问题。社会资本进入的村庄，大多数拥有优势投资项目。我们调研的村庄都是因为长城资源而带来了对社会资本的吸引力。一般来说，社会资本带来的品牌效应对村庄其他民宿户来说有着正向的影响。"总体来说，他们到我们村来经营，对我们产生的影响是好的。之前，没有多少人知道我们村，我们都是依靠老顾客帮着介绍客人，客流量不多。后来，他们来我们村，他们会宣传，也会有政策的支持，给我们村带来很多外部资源，像修路、建村史馆、环境卫生等方面，整个村的面貌有很大的改善。村里的硬件条件越来越好，名气也大了，来的客人也多。他们的房价比较贵，有些客人还是愿意选择我们这种价格低的民宿，我们也有一定的优势"（一个经营 10 多年民宿的当地农户访谈资料）。但也会有农户在比较利益的前提下，呈现出另一种思考。尽管社会资本进驻村庄会带来品牌和示范效应，但是对其他民宿户来说，会感觉到竞争的威胁。和社会资本的运营能力相比，村民经营的民宿具有较低的竞争力，尤其是在三年的新冠疫情影响期间，游客比往年都少，普通农户的客流量明显减少，甚至有的民宿户不再经营。调研过程中，一位有着十几年民宿经营经验的农户说："我们自己经营的民宿，和他们相比差得不少。我也把全部积蓄拿出来，把民宿做了翻新，一共花了 40 万元，但是我们不会用电脑和手机做宣传，也没有上级组织帮助我们，客人都是在网上看到他们的宣传，直接预订他们家，而我们的客人就比较少。"问及为什么不在网上发布自己的信息，他表示"家里只有我和儿子，他也没读过什么书，我们都不会"。这也表明，普通民宿户因为对外宣传和产品包装能力的限制，在游客相对较少的季节，没有特别的竞争优势，收入水平会下降。

二、社会组织参与长城国家文化公园建设和保护中存在的问题

1. 社会组织的合法性问题

社会组织合法性是指符合社会广为接受的各种规范，被社会（尤其是政

府）接受和认可并能正常开展各种活动的一种存在状态。① 合法性是社会组织举行活动、发挥功能的前提。社会组织要"合法化"，需要先找到所在行业领域的行政职能部门作为其业务主管单位，得到业务主管单位审批后才能到民政部门去登记注册。虽然自 2014 年开始，行业协会商会类、科技类、公益慈善类、城乡社区服务类四类社会组织的申请人，可直接向市民政部门申请登记。但是以文物保护为目标的社会组织，仍然需要有相关业务的主管部门审批。相比于其他领域的社会组织的审批，文物保护方面的社会组织审批相对困难。一方面是因为文物保护领域特殊，不可以随便申请，需要严格的审批制度；另一方面是有关文物保护的主管部门相对较少，在与上级主管部门建立联系方面具有较大的困难。1961 年 3 月 4 日，国务院发布《文物保护暂行条例》，正式规定全国重点文物保护单位、省（自治区、直辖市）级文物保护单位、县（市）级文物保护单位的三级保护管理体制。目前中国文化遗产保护的组织机构有以下几个：联合国教科文组织世界遗产委员会，负责世界文化遗产、世界自然遗产的收录并对已列入名录的世界遗产的保护工作进行监督指导；文化和旅游部、国家文物局和各级文物部门，负责管理文物以及世界遗产和非遗；住房和城乡建设部以及各级规划建设部门，负责管理历史文化名城、名镇、名村；财政部门管理遗产保护资金，旅游部门则涉及遗产地的旅游。长城（八达岭、山海关、嘉峪关）是国务院于 1961 年公布的第一批全国重点文物保护单位。长城作为古建筑及历史纪念建筑物，相关社会组织的申请需要由文物保护主管机构审核。调研显示，"与环保和慈善领域不同，愿意做上级管理单位的文物保护主管机构比较少，这么多年我们寻找愿意负责的上级机构的过程中充满艰难"（社会组织负责人访谈资料）。即便找到了愿意负责的主管单位，但是社会组织注册的审批流程相较于工商注册更为繁琐耗时。社会组织注册需要一定的条件，不仅需要组织成员、目标和规范，还需要办公地点和注册资金。目前参与长城保护的社会组织，基本上是由各职业领域热爱长城文化的人组织起来的，更多是一种志愿性群体组织，在最初的社团活动中，基于一种兴趣和志向，并没有全面考虑合法性的问题。有学者在对社会团体的合法性研究中提出将合法性分解为社会（文化）合法性、

---

① 王光海 . 社会组织合法性相关问题的几点思考 [J]. 河北青年管理干部学院学报，2022，34（03）：38-41.

法律合法性、政治合法性和行政合法性，许多社团在产生的时候只具有社会合法性、行政合法性和政治合法性中的一种合法性，并且它们在实际运作的过程中也能够依托单一的合法性在社会上进行活动。① 如长城小站于1999年成立，最开始是一群热爱长城的年轻人通过网站的方式开启保护长城的活动。但随着国家对社会组织的管理逐渐重视，长城小站在活动过程中也逐渐意识到合法性的重要。尤其是干预那些破坏长城的行为，进入村庄进行长城保护知识的宣传时，因为没有合法的身份，经常会遭遇排斥，甚至会遭遇当地政府的阻拦。"长城小站的活动非常不容易，成员往往因为合法性的问题遭遇抵制，有时候也会感到委屈，如今还在小站的人都是真正热爱长城的人，愿意为长城的保护和文化传播贡献自己的力量，这些年太不容易了"（长城小站负责人访谈资料）。在注册过程中，长城小站经历了很多艰难时刻，终于在2019年7月24日，小站成立20年后，将注册地点确定为"北京市延庆区八达岭镇石峡村村委会"，命名为"北京市延庆区长城小站文化传播中心"，业务范围为长城知识宣传、长城导赏服务、活动组织策划服务、展览展示服务、公益服务等。此后，长城小站终于有了合法的社会身份，随着长城国家文化公园的建设，长城小站将在长城保护中发挥更多的作用。

2. 社会组织自身的建设问题

社会组织是为了实现特定的目标而有意识组合起来的社会群体。它是人类的组织形式中的一部分，是人们为了特定的目的而组建的稳定的合作形式。本研究中参与长城国家文化公园建设的社会组织是指那些公益性的志愿组织（社会团体），这类组织由追求共同利益或有着共同兴趣的人们组成。人们参与这种志愿组织，建立在自愿选择的基础上，退出是自由的。成员可以自由地决定为组织付出时间和金钱。任何社会组织都需要具备一定的结构要素。一是特定的组织目标。明确的、具体的，表明某一组织的性质与功能，人们围绕某一特定的目标才形成从事共同活动的社会组织。二是一定数量的固定成员。组织成员是相对固定的，成员明确地意识到自己属于某一组织。三是制度化的组织结构。为了实现特定的目标并提高活动效益，一般都具有根据功能和分工而制度化的职位分层与部门分工结构。四是普遍化的行动规范。它一般是以章程的形式出现，并作为组织成员进行活动的依据。五是社会组

---

① 高丙中. 社会团体的合法性问题 [J]. 中国社会科学, 2000 (02)：100-109+207.

织是一个开放的系统。它不但自身要与周围环境进行物质、成员、信息的交换，而且还根据与其他组织的关系，组成不同的组织体系，在更大的范围内和更高的水平上与外界环境进行各种形式的交换。目前，根据对参与长城相关活动的社会组织的资料分析，一些社会组织的自身建设还有待完善，表现为以下几个方面。一是组织结构的建设问题。参与长城相关活动的个人均是兴趣和使命感驱动。如"长城小站""国际长城之友""长城文化公社"等保护长城的社会组织，它们的成员都是因为对长城的热爱而加入其中，大多数成员是在本职工作之外利用自己的休息时间参与，没有太多的精力投入组织的结构建设和管理中，这些组织仍然处于由创始人参与全部活动的策划和管理阶段。随着注册的志愿服务成员的增加，活动内容的丰富，以及产生的社会影响力越来越大，组织内部结构亟须完善，不仅需要有专职的部门负责人承担相应的管理工作，也需要专业力量的加入，增加组织的人力资本。二是社会组织项目运作和日常工作的经费问题。社会组织的运行需要有项目经费的支持，初创时期可以通过成员的个人经费投入进行活动。但参与长城保护的社会组织不同于其他类型的社会团体，活动内容和形式不仅需要组织内部成员的参与，还需要进入不同的场域和动员更多的人们参与，如需要进入长城脚下的村庄，对村民进行长城知识的宣传和保护教育，需要为长城保护员提供一些支持，也需要通过举办活动对学生进行宣传教育。"长城小站建设之初，都是成员自己承担车费和其他支出，包括我们到村庄进行的一些公益项目，如为增加村民的参与热情，我们会通过给村民与长城拍合照并打印出来的方式，增加村民的自豪感，在村内小学宣传长城保护的相关知识时，也会给同学们捐赠一些学习用品"（长城小站访谈资料）。但随着组织规模的扩大、活动内容的增加，对网站维护人员和专业力量的需求凸显，社会组织要获得可持续发展的能力，需要有稳定的经费支持。

3. 社会组织在长城相关项目和活动中的协同合作问题

长城作为线性文化遗产，体量较大，长城国家文化公园更是在长城核心资源基础上的更大空间和更多内容的建设，不仅有长城本体保护、长城文化挖掘和传播，也有周边生态环境系统、构成要素的城堡型村落功能性参与等，这使得参与长城国家文化公园建设和保护的社会组织类型越来越多，如生态环保类、考古类、长城本体保护类、长城文化挖掘和宣传类、长城修缮类、促进村庄融入文化公园等多种类别的社会组织。收集已有的参与长城相关项目的社会组织资料并对其进行整理分析，我们发现了以下问题。一是社会组织之间的协同合作不足。通过查阅资料以及对相关社会组织的调研，我们发现参与长城保护和长城文化宣传的社会组织数量不多，类型也不够丰富，基于长城相关项目的协同合作较少。比如，现有的中国文物保护基金会、腾讯公益慈善基金会能够通过公益捐赠获得长城保护的资金，并通过投资来支持长城保护和文化宣传工作。它们与长城小站合作的项目有"长城保护员加油包"和"云游长城"等，与国际长城之友、北京长城文化研究会、北京长城保护志愿服务总队等合作较少。2018年6月，由中国文化遗产研究院、中国文物保护基金会等10家单位发起成立的"长城保护联盟"，为社会组织搭建起互动交流的平台，但在如何进一步推动长城保护工作的科学化、规范化和结构化等方面还需要完善，联盟成员的协同合作机制有待进一步的研究和设计。二是项目实施较为分散且内容单一。目前，参与长城保护的社会组织数量较少，成规模的社会组织更少。社会组织参与长城保护的项目都是自发行动和较为碎片化的内容安排，基本都是基于保护过程中发现的问题，并未有更有力的组织力量进行长城保护的系统研究和长远规划。参与的项目较多地集中于简单和容易执行的长城保护和宣传方面，如通过捡拾垃圾、宣传倡议等活动改善和提升长城及周边生态环境，以及监督游客不乱写乱画等。但是关于长城文化价值的深度挖掘、研究以及传播等方面的活动较少，尤其是相关研究立项也不多。三是缺少社会组织工作效能评估和参与能力提升培训的专业机构。伴随进入长城保护相关领域社会组织的增加以及规范化参与的要求，需要有专业的评估机构对参与的社会组织进行评估，规范社会组织的建设和发展，激发社会组织的活力，以提升社会组织的参与能力和参与质量。评估包括以下几个方面。一是评估长城保护和利用方面存在的问题和需要。由专门机构组织专家对本体保护、文化价值挖掘和利用、社区需求等方面进行调研。二是长城相关项目的效果和质量评估。尽管长城保护、研究和传播的相关社会组织不断被建立，并开展了很多项目活动，但在实施质量和效果的评估方面鲜有相关的机构。长城相关活动和项目在进一步提升方面缺少评价，不利于对长城保护和利用的精准定位。

三、专业力量参与长城国家文化公园建设和保护中存在的问题

国家到地方层面都已经意识到，长城作为线性古建筑、古遗址，体量庞

大、内容丰富、价值厚重，同时也因为其处于自然环境中，遵循山脉走向和地势特点，是以当地材料和地方性建筑技艺为根本，具有地方性文化特征的历史文化遗产。它的保护不仅是对古建筑的维护，还涉及长城周边气候、植被、动物、地质土壤等对长城的影响，以及属地文化与长城的关系，是一个社会生态文化系统。学界对长城修复理念有了更深的认知，已经从抢救性维修慢慢转变到研究性修缮。但是对长城进行研究性修缮刚刚起步，目前只在北京的箭扣长城和大庄科段长城进行该类项目，其他省市还没有启动。研究资料显示，目前能够对长城重点段位进行研究性修缮的专业力量不多，尤其是对体量巨大、跨度达 15 个省份的长城来说，需要各地参与的专业力量就更多。2000 多年来，多种原因导致长城毁坏以及消失的地段较多，急需鼓励大量专业团队参与和贡献力量。目前，专业力量参与长城研究性修缮面临以下几方面的问题。一是未开发长城重点段位的进入问题。《长城保护条例》规定禁止"有组织地在未辟为参观游览区的长城段落举行活动"，而相关的研究项目需要进入未开发地段，没有明确的条文鼓励专业团队进行相关研究活动。目前进行的研究性修缮项目都是通过招标获取合法身份进入研究点位，对其他希望参与研究的团队和人员来说非常困难。如高校或者科研单位，想要以长城为研究对象，如果没有项目为依托是难以实现的。二是多元专业力量协同不足，研究的多样性缺失。当长城由抢险和补救性维护开始转向以研究性修缮为主要形式，由单纯的长城文化遗产保护转向以国家文化公园的形式更好实现长城文化的保护、传承和利用，不仅需要包括古建筑研究、保护和修缮的专业力量在内的专业领域人才的参与，也需要考古学、地理信息系统研究、环境科学，以及历史学和文化社会学等领域的专业力量对长城及周边突出文化资源进行价值挖掘及阐释，同时也需要对长城国家文化公园属地内村庄的研究等，需要多学科、多领域的专业力量参与。目前参与的多学科力量不多，专业协同还需要进一步拓展和加强。三是稳定的项目资金来源问题。20 世纪长城修建项目的资金基本来自国家投资和社会捐赠。如 20 世纪 50 年代，国家投资数百万元，分期补修了八达岭关城城楼和南北各四个城台；20 世纪 80 年代，国家又投资修复了八达岭长城北五、北六两个城台，以及慕田峪长城。20 世纪 80 年代，通过媒体进行的社会集资活动，为长城修建提供资金支持。目前，长城专业力量的项目支持大多来自政府和社会组织的捐赠，但存在支持的项目内容和额度有限，以及项目资金支持的多样性、稳定性和可持续性的问题。长城国家文化公园的建设和保护，单靠政府和个别社会组织的有限资金支持还远远不够，需要开拓资金筹集渠道，动员企业进驻相关领域，让更多的社会力量参与长城保护活动，尤其是引进新的参与机制，形成政府、市场和社会组织等多方合力，共同为项目投资。四是专业力量的学术研究成果和实际修缮项目中的落地问题。长城重点点位的学术研究面临着研究结果的实际落地问题，尤其是与长城修缮施工团队的结合问题。长城作为文物遗产的研究性修缮是一个全周期过程，需要从研究到修缮完成的全方位落实，所有的成员要持续参与直至项目最后完成。目前北京箭扣长城和大庄科长城研究性修缮项目中，各方面专业力量全过程全方位介入，直至项目的最后验收完工。但是长城体量巨大，很难做到所有的点位都进行研究性修缮。一方面是专业团队的数量问题，尤其是需要整合多学科专业人才；另一方面是研究和实际修缮过程中，会有落地的技术难度，尤其是实际施工过程中，需要专业人员全程现场指导。如果研究成果和实施修缮的项目不能整合到一个过程中，实际操作过程就会出现偏差，不能达到研究结果和实际修缮项目的有机整合。

四、媒体力量参与长城国家文化公园建设和保护中存在的问题

一是呈现阶段性，缺少持续稳定的媒体力量。已有资料显示，20 世纪 80 年代多家较有影响力的媒体对长城修建进行报道。在国家的支持下，《北京晚报》《北京日报》《北京日报郊区版》共同倡议，并邀请《经济日报》《工人日报》参加，与北京八达岭特区办事处联合主办社会集资赞助活动。通过媒体宣传和号召的力量，为当时的长城修建募集大量的社会资金，也产生了较大的社会影响力。目前，持续稳定参与长城国家文化公园建设和保护的宣传报道的媒体力量不足。国家文化公园的国家属性，需要更多媒体参与，进行相关内容的传播和引导，提升长城国家文化公园建设的效果。二是媒体报道的专业性呈现不足。传统的媒体传播方式如报刊、电视、广播、户外广告等具有一定的时间、空间和人群的限制，相比新媒体而言其社会影响力有所减弱。伴随互联网技术的发展和数字化时代的到来，媒体的种类繁多，传播范围不断扩大，社会影响力增强。媒体记者在报道长城相关活动的过程中，不仅涉及活动本身的内容，也会遵循新闻报道和媒体展现的规律，体现媒体记者的视角和理解，具有差异性。但对科学性、技术性要求较高的文物古迹，

相关内容宣传报道需要更多专业性知识，避免出现传播偏差。长城相关知识以及施工技术等方面的报道，需要严谨科学的内容呈现，包括在文化价值挖掘等方面。因此，参与报道长城相关内容的媒体，需要通过一定的专业培训，且秉持严谨科学的态度，在报道发出前还需要向领域内专家求证，才能使报道更有影响力。目前，这方面还有一定的欠缺。三是对自媒体的监督和反馈问题。自媒体力量的增加，为人民群众参与长城保护、宣传和建设提供了更多的渠道，也会呈现较多元的文化创造产品，体现社会的进步。但自媒体由于没有参与门槛的限制，任何人都可以随时随地进行自媒体运营，在文化作品创作中难免出现参差不齐的现象，尤其有些人为了追求利益，进行过度或者失真的文化传播。要防止出现歪曲文化遗产或者通过幕后团队运营操作进行牟利等问题。对长城知识和文化的报道来说，创作内容需要基于史实，有一定的严谨性和科学性要求，因此，对自媒体力量的参与，既要鼓励人们的参与热情，又要在参与内容和形式上进行监管、评估和反馈。

第七章
国外国家公园公众参与管理的
经验及启示

第一节　他山之石：国外国家公园建设的公众参与

一、美国国家公园建设的公众参与

美国国家公园管理局（U. S. National Park Service）通过社会科学家的努力，建构了一套系统、复杂的公众参与技术路线，以此落实和深化议会的"公众参与"政治哲学。美国国家公园公众参与的邀请对象分为三类：第一类是与公园建设密切相关的人，如公园近邻、与公园土地有传统文化关系的人以及公园进出口通道附近的社区居民等；第二类是与公园的建设有利益关联的人，如与公园合作的团体和伙伴以及公园的特许经营者；第三类是对公园建设十分关心的人，如公园的潜在和已有的游客，对公园有研究的科学家，涉及公园政策的其他政府机构等。这几类公众交流的观点和意见，国家公园管理局将充分进行分析以及考量，并根据这些观点、意见咨询相关的人员。[①]

1. 公众参与国家公园建设的相关政策法规

美国通过系列法律文件保障社会力量在国家公园中的参与权利。一是保障公众参与的知情权。如美国《国家环境政策法》（以下简称"NEPA"）及其实施条例创设了环境影响评价制度中的公众参与机制。美国《信息自由法》，又译作《情报自由法》，规定了民众在获得行政情报方面的权利和行政机关公开行政情报方面的义务，实质性地保障了公众获取政府信息的权利。[②]

---

① 王伟. 公众参与在美国国家公园规划中的应用 [J]. 中国环境管理干部学院学报，2018，28 (05)：20-23+89.

② 张振威，杨锐. 美国国家公园管理规划的公众参与制度 [J]. 中国园林，2015，31 (02)：23-27.

依据《信息自由法》，美国国家公园的规划应向与国家公园有关联的民众进行信息公开，民众也可以依据该法请求公开。二是从法律层面要求公众力量参与国家公园的建设。NEPA 是最早规定在决策过程中引入公众参与机制的法律，明确要求联邦政府制定的规划要引入公众参与机制，同时也规定了不同决策行为的公众参与程度。例如国家公园进行环境评估，需要在评估后公示30 天，分析公众的反映以及意见，并且进行审查。三是社会参与作为民主制度的实践手段。美国国家公园规划在公众参与的制度设计上充分尊重 1998 年欧洲经济委员会签订的区域性公约——《奥胡斯公约》中公众参与的理念，在一定程度上表现为环境法治建设中的公众参与制度。

2. 协调与管理公众参与国家公园的专门委员会制度

美国国家公园管理局（NPS）隶属于美国内政部，除了指定的国家公园，国家公园管理局还监管着美国 50 个州的纪念地、战场和其他遗址。美国国家公园管理局管理包括"伙伴关系和公民参与"等在内的运营类事务和国会及对外关系。[1] NPS 秉承"保护国家遗产需要管理局与美国全社会通力协作"的理念，将"公民共建"（civic engagement）原则贯穿于国家公园的确立、规划决策、管理运营等多项环节，并通过《公民共建与公众参与》（*Civic Engagement and Public Involvement*）和 NEPA 规定公众至少可参与范围界定、环评草案和环评决案 3 个阶段。美国国家公园管理局（*NPS*）通过创办官方门户网站（*https：//www.nps.gov*）集成国家公园网站群，提供公园相关信息并开展公众参与服务。网站与个人、学校、企业、非政府组织等广泛建立伙伴关系，弥补了经费、运营管理、教育和科研等方面的不足。网站设置公众参与的方法和内容，具体包括以下四个方面。一是设置用户在线反馈通信表单。访客可在相应栏目下填写互动表单并申请公园使用许可或挂失物品，同时希望在观察到稀有鸟类、猛禽、其他珍稀动物的出现或异常行为时，报告至管理者或科学家邮箱。访客的观察结果能够帮助他们了解公园动物以及生态系统功能的潜在变化，保护当地物种、栖息地以及人类安全。二是收集公众对于公园管理和发展规划的意见。在首次访问时会弹出网站服务满意度在线调查问卷，根据用户评价采取相应措施进而提升网站服务质量，鼓励公众从

---

① 蔚东英．国家公园管理体制的国别比较研究——以美国、加拿大、德国、英国、新西兰、南非、法国、俄罗斯、韩国、日本 10 个国家为例 [J]．南京林业大学学报（人文社会科学版），2017，17（03）：89-98.

"规划"栏目了解公园正在进行和最近完成的规划项目，征求对于规划工作的意见和想法。三是发布和执行志愿者计划。志愿者可及时掌握信息并通过网站直接报名，这种便捷的方式吸引了大量参与者为公园的管理和保护提供人力资源保障。四是提供社会捐款和企业加盟入口。"捐款"栏目允许公众在网上支付捐助资金，企业经营者可在"商业使用授权"栏目申请授权并且通过简易链接完成付款操作。①

3. 国家公园范围内原住民的参与和作用

美国国家公园与原住民的关系经历了"排斥—权利限制—合作管理—认可"的发展脉络。在"传统"国家公园时期，根据《美国印第安人与国家公园》，早期的国家公园以保护自然资源和发展旅游业为管理目标，而印第安人传统用火、狩猎生计的延续对国家公园管理产生了强烈冲击，于是被当作公园破坏者而遭到驱逐。在开放合作的国家公园时期，即 20 世纪六七十年代，阿拉斯加国家公园和保护区的扩建和合作管理，充分体现了国家公园与原住民的开放性合作。阿拉斯加国家公园与原住民的开放性合作不仅体现在对资源利用的合作管理，还体现在原住民积极参与国家公园内的解说教育和旅游服务。在迪纳利国家公园和保护区内的自然历史专项游线路上，原住民向导生动地诉说他们祖先的故事，他们对自然尊重的理念，并以唱歌赞颂迪纳利神山。北极之门国家公园和保护区内部分原住民参与国家公园内的特许经营，包括手工艺品售卖和住宿接待。

4. 项目制运行方式促进社会组织的专业参与和科学传播

2016 年，美国国家公园管理局（*NPS*）、科学促进协会（*AAAS*）和 *Schoodic* 研究所合作，推出了第二个世纪管理倡议，以鼓励科学为保护决策提供依据，并让公众参与进来。它为早期职业科学家（博士生、博士后和初级教师）提供了参与国家公园创新研究的竞争性资金，加强对学生、教育工作者和更广泛公众学习和参与的培训，激励和指导公众参与自然和文化遗产管理。该计划的一个主要特点是举办研讨会，为研究人员、*NPS* 工作人员和来自合作伙伴组织的专业人士提供各种交流方法的培训——向公众介绍、撰写杂志文章和博客、录制播客、在社交媒体上发布 *Park Science* 的标签、创建视频、

① 毛丽君. 美国黄石国家公园网站服务研究及启示［J］. 环境科学与管理，2020，45（05）：1-5.

向官员介绍情况等。也为外部专家（如专业视频制作人、社交媒体专家、公共事务官员）提供具体的培训。美国国家公园公众参与的邀请对象之一——科学家，要在国家公园进行研究，科学家等研究人员必须提交提案并申请许可证，在这一过程开始与公园资源管理人员、研究协调员和口译员建立关系。2017 年，美国国家公园管理局 NPS 发放了 2 990 份研究许可证，其中一些许可证是以教育为目的，如本科生的野外课程、高中生的大型无脊椎动物清单和水质测试以及为公共水族馆的教育而展示收集的鱼类标本。其中黄石国家公园每年批准的科研项目中，将近 1/4 的项目由基金会等社会组织完成。①

二、英国国家公园的公众参与

1. 社会力量参与的政策法规

英国由英格兰、苏格兰、北爱尔兰和威尔士 4 个地区组成，有 15 个受保护的国家公园和自然风景区（其中英格兰 10 个、威尔士 3 个、北爱尔兰 2 个）。在英国的国家公园体系中，利益相关者参与国家公园保护的制度比较成熟。英国国家公园的大部分土地掌握在私人手中，在《国家公园与乡村进入法》②通过后，把保护乡村历史和乡村景观正式列为法律条文，从立法上增加了公众进入国家公园等乡村领域进行休闲活动的权利。国家公园管理局在旅游管理上的内容包括：与土地所有者签订公众进入协议，向游客提供封闭或限制地区的信息，提供餐饮、野营地和停车场，提供户外游憩及其他设施。通过《城镇和乡村规划法》③和《地方政府法》④等法律法规，进一步扩大了国家公园委员会的监管功能，并设立乡村委员会，负责改善乡村建设中的基础设施和乡村文化的保护，另外也明确了公众对于国家公园的规划责任和权利。1977 年英国成立国家公园委员会，第一次从国家层面对国家公园进行统

---

① Lynch H J, Hodge S, Albert C, et al. The Greater Yellowstone Ecosystem: challenges for regional ecosystem management [J]. Environmental Management, 2008, 41: 820-833.

② UK Parliament. National parks and Access to the Countryside Act, 1949 [EB/OL]. (2021-12-03) [2023-12-13]. https://en. wikipedia. org/wiki/National_ Parks_ and_ Access_ to_ the_ Countryside_ Act_ 1949.

③ UK Parliament. Town and Country Planning Act, 1990 [EB/OL]. (2015-06-22) [2023-12-13]. https://www. legislation. gov. uk/ukpga/1990/8/section.

④ Peak district management plan 2012-2017 [EB/OL]. (2012-12-31) [2023-12-13]. https://democracy. peakdistrict. gov. uk/documents/s13122.

一管理，系统制定了一系列涉及国家公园的法律法规，从不同侧面对各参与主体的权责进行了界定和细化。① 1995 年通过《环境法案》，所有的国家公园管理局应当准备和公布一份《国家公园管理规划》，利益相关者要参与许多保护活动，他们参与园区管理保护活动，影响最终决策。② 根据《环境法》的规定，国家公园由各自独立于地方政府的国家公园委员会管理，委员会中包括地方机构、教区和国家环境事务部与乡村部任命的成员，分别代表地方和国家的利益。国家公园管理局出中央财政拨款，其任务包括制定地方层次的管理规划，限制土地利用发展，满足休憩娱乐需求，与地方政府、旅游局、环保局、NGO 组织、企业和土地所有者等合作协调，筹集其他来源的资金等。③ 1998 年，英国等 46 个国家和欧盟签订了《奥胡斯公约》（Aarhus Convention），赋予公众获取环境信息及环境监管的权利，增强公众参与环境保护的意识。④ 英国在 2000 年出台《乡村和道路权法》，促进了与英国国家公园相关的 80 余个咨询机构的出现。公众可以通过咨询机构参加国家公园在环境治理、经济发展、文化活动等方面的议题，通过健全公众参与机制和信息公开机制，有利于进一步保障各利益主体的相关权利，促进多方共治的实效性。⑤

2. 国家公园建设的公众参与

在国家公园的参与力量上，各国越来越重视多主体共同参与在国家公园建设中的作用。英国学者 Richard K. Morgan（2012）认为公众参与是完善国家公园建设体系的有效方式，参与主体包括国家公园管理部门、社区居民、环境部门等。⑥ Jonathan（2001）认为，呼吁社会公众参与能够促进他们在环境保护、社会团结等方面的社会意识的转变，能够有效减少政府部门的负担，

① 韦悦爽 . 英国乡村环境保护政策及其对中国的启示 [J]. 小城镇建设, 2018（01）: 94-99.

② 王应临，杨锐，埃卡特 . 兰格 . 英国国家公园管理体系评述 [J]. 中国园林, 2013, 29（09）: 11-19.

③ 田丰 . 英国保护区体系研究及经验借鉴 [D]. 上海: 同济大学, 2008.

④ 张书杰，庄优波 . 英国国家公园合作伙伴管理模式研究——以苏格兰凯恩戈姆斯国家公园为例 [J]. 风景园林, 2019, 26（04）: 28-32.

⑤ Department for Environment, Food and Rural Affairs Guidanceon Local Access Forumsin England [EB/OL]. （2007-03-19）[2023-12-13]. https: //iow. gov. uk/azservices/documents/1376-DEFRA-LAF-Guidance-Booklet.

⑥ Morgan, Richard K. Environmental impact assessment: the state of the art [J]. Impact Assessment and Project Appraisal, 2012, 30（1）: 9.

使国家公园的环境效能、经济效能和文化效能更好地辐射周边地区。① 英国国家公园园区内人口聚集，生活在园区内的原住民人口众多。根据英国国家公园内社区居民较多的特点，寻求内部社区的经济和社会繁荣，需要与地方政府和公共团体通力合作。因此英国国家公园是旨在保护人与自然和谐共生形成的"第二自然"的保护区。② 国家公园给社区居民提供了一定的生产生活场所，所以国家公园的变动一定需要社区居民的参与。另外，英国公众对国家公园也有着较高的参与需求，70 年前英国国家公园就是以公众参与为核心建立的。如今英格兰和威尔士的国家公园有两个法定目标：一是保护自然美景、野生动植物和文化遗产；二是促进公众了解和享受国家公园的特殊品质。③ 现如今促进公众参与国家公园的特殊品质已经成为国家公园的法定责任，特殊品质同样也定义了国家公园的独特性和重要性。在 2012 年的一项研究中，89% 的受访者表示国家公园对他们很重要，几乎所有受访者都认为应该将体验国家公园作为孩子们教育的一部分。④ 经历新冠疫情之后，公众对进入国家公园在内的绿色空间需求强烈。

英国国家公园汇集了英国 15 个国家公园管理局，以提高国家公园的形象并促进联合工作。⑤ 多元的主体构成了现有英国国家公园的管理体系，现有的国家公园是以国家公园管理局为主导，组织其他政府部门、NGO 组织、社区、企业和土地所有者共同管理。公众可以参与国家公园的规划，了解发展方向，从而帮助制定规划政策、制订自己的社区计划、参与规划申请。关于国家公园的管理内容方面，公众主要参与国家公园保护及资源的合理利用，包括环境巡航、社会捐赠、环境教育等。⑥ 此外还有一些非政府机构与国家公园的管

---

① Free. Green. A New Approach to Environmental Protection Jonathan H. Adler ［J］. Harvard Journal of Law &Public Policy，2001：24.

② 蒋定哲，鲍梓婷. LCA 作为英国国家公园保护与管理的核心工具 ［C］//中国城市规划学会，重庆市人民政府. 活力城乡美好人居——2019 中国城市规划年会论文集（13 风景环境规划）. 北京：中国建筑工业出版社，2019：10.

③ National Parks UK：What is a National Park? ［EB/OL］. （2017-06-03）［2023-12-13］. https：//www. nationalparks. uk/what-is-a-national-park.

④ State of the Lake District National Park Report ［EB/OL］. （2012-06）［2023-12-13］. https：//www. lakedistrict. gov. uk/caringfor/state-of-the-park.

⑤ National Parks UK：Who Looks After National Parks? ［EB/OL］. （2022-06-08）［2023-12-13］. https：//www. nationalparks. uk/who-looks-after-national-parks/.

⑥ National Parks UK：Green Recovery. ［EB/OL］. ［2022-11-23］. https：//www. nationalparks. uk/green-recovery/.

理相关，如国家公园管理局协会、国家公园运动等。其中在国家公园拥有部分土地的国家信托和林业委员会，也同样承担了保护、扩大和促进林地可持续发展的管理责任。①

由于英国土地大多为私有，因此在国家公园的规划编制过程中非常强调公众的参与。② 在规划前期国家公园管理局会与各方沟通、征求意见，并采取多种途径宣传，在网站上和公共图书馆、信息中心及时公开修改的内容，同时在规划完成后，召开公众听证会，广泛听取各方意见，公众有机会在会议中表达各自的意见（包括反对意见）。在国家公园体验方面，每个国家公园都有因其特殊品质而被指定为受保护的景观，其法律中规定的目的就包括促进公众了解和享受国家公园特殊品质的机会。③ 因此国家公园内部定期开展多项活动，包括但不限于徒步、观星、观鸟、摄影，以此吸引周边居民以及游客，令其既能在国家公园内体验冒险，也能在其中恢复平静身心，并且注重不同年龄段游客的可参与性。同时英国国家公园非常重视志愿者的培育，认为志愿者是国家公园的生命线，正是由于他们的奉献和承诺，才使得国家公园取得了如此多的成就。④ 公园内部的志愿者承担着许多不同的工作，例如修理围栏、干燥石墙、植树、检查历史遗迹和调查野生动物等。

3. 国家公园建设中社区及当地居民的参与

由于英国国家公园的园区内人口聚集，有众多原住民生活在园区内，为寻求国家公园的可持续发展，国家公园的管理同样注重当地社区的繁荣，力图打造充满活力的社区和繁荣的经济，并将促进国家公园内社区的经济和社会福祉作为管理发展的目标。

以英国湖区公园为例，重视对于园区的保护，支持和鼓励当地青年人从事农业、林业和土地管理，保护传统技能并发展新技能，积累必要的知识，以维护文化景观和实施"公共产品公共支付"议程。英国国家公园管理部门支持保留农业和土地管理教育，以满足农业、林业和土地管理的需要。同时

---

① GOV. UK：Forestry-Commission.［EB/OL］.（2022-09-22）［2023-12-13］. https：//www. gov. uk/government/organisations/forestry-commission/about.

② M Moran. Lake District is ready for visitors［J］. The Lake District National Park Authority, 2021, 348：7.

③ National Parks UK.［EB/OL］.［2023-08-13］. https：//www. nationalparks. uk/parks/.

④ National Parks UK：Who Looks After National Parks?［EB/OL］.（2022-06-08）［2023-12-13］. https：//www. nationalparks. uk/who-looks-after-national-parks/.

重视当地社区获得高质量的便利设施和娱乐绿地、公共领域，在提供自然景观的同时，支持和促进新的和现有的户外探险机会，并加强组织管理。①

（1）社区在国家公园规划中的参与

国家公园的规划必须兼顾生态环境保护和居民生活生产的需求，土地性质变更和开发行为受到严格的控制。国家公园管理局制定规划必须征求当地社区的意见，同时鼓励社区制定邻里规划，与社区机构共同参加提升自然环境区域合作计划等项目，与企业合作运营环境教育中心，支持土地所有者参加农业环境计划，通过环境补贴鼓励农民采取适宜的耕作方式以保护自然景观。

（2）国家公园内社区居民的生计考量

国家公园直接向社区居民提供与公园相关的工作机会，如向游客销售食品及手工艺品等；国家公园管理局鼓励地方成立社区旅游组织，并对其进行授权；管理局提供导游手册，向游客详尽地说明国家公园内旅游设施接待信息和地图。在产业发展方面，帮助社区引进资金发展商业、建立企业，以提供就业、增强社区活力；但也尊重一些村庄不愿意发展，希望保持田园生活状态的愿望。②

（3）社区民众参与的激励机制

通过激励机制，鼓励社区民众积极参与协商沟通，加强与国家公园的联系，并参与园区管理工作，利用社区人口众多的优势，使民众可以多方面参与园区的管理工作。③

4. 国家公园建设的合作伙伴模式

在国家公园的管理模式上，英国的每个国家公园都需要制定地方规划，公园的管理委员会负责制定当地的地方规划。地方规划是一系列政策，重视对国家公园相关事务的监控，政策内容明确了当地居民参与的方式和权利，完善了公众参与的保障机制。地方规划机构会进行定期审核，向当地居民了

---

① Lake District National Park：Lake District National Park Partnership. ［EB/OL］. （2017-07-09）［2023-12-13］. https：//www. lakedistrict. gov. uk/caringfor/lake-district-national-park-partnership/management-plan/.

② 邓武功，程鹏，王全，于涵，杨天晴. 英国国家公园管理借鉴［J］. 城建档案，2019（03）：80-84.

③ 路然然. 公众参与国家公园保护制度构建研究［D］. 华中科技大学，2019.

解政策制定和落实情况，将当地居民的意见和建议作为制定新政策的依据。①
国家公园归英国环境、食品和乡村事务部管理，主要职责是提供财政支持和
政策制定，具体工作由各王国的相关机构负责。例如，在英格兰王国由英格
兰自然署管理 10 个国家公园。各王国国家公园管理局人员由三部分构成，包
括主席团（members）、管理人员（staff）、志愿者（volunteers）。国家公园规划
在保护第一的目标下，充分吸收各方意见，协调资源保护、旅游发展、社区
发展及地方发展的关系。规划编制过程中，居民、社区组织、社会团体、议
会、专家、企业等利益相关者全过程参与，尤其是反对意见能够充分表达，
经讨论后再作出决定。在此基础上制定的国家公园规划计划性强、目的明确、
矛盾较少，易于实施操作。在规划实施过程中还要进行公示，以便各方有机
会提出意见进行协调。在规划执法中还要进行至少一周的公示，以便被执法
者及周边相关者能够知晓并理解，这使得规划具有非常好的协调性。更为重
要的是，规划实施过程中的上诉机制非常畅通，个人能够直接上诉至部长，
甚至有可能否决管理局已做出的决定。②

　　根据《国家公园（苏格兰）法案 2000》，各国家公园需编制《国家公园
规划》以管理国家公园并协调相关职能；另外，《苏格兰国家公园政策概述》
要求通过合作伙伴的模式对国家公园进行管理。凯恩戈姆斯国家公园管理局
（Caringorms National Park Authority，CNPA）成立于 2003 年，性质上为非政府
行政机构，在政府相关内阁大臣的指导下，从事公共事务管理。凯恩戈姆斯
国家公园涉及多个合作伙伴。例如，CNP《合作伙伴规划》中列举了参与规
划的 49 个合作伙伴，这些合作伙伴的构成和宗旨各有特色，包括议会、信
托、合作伙伴组织及其他非政府组织等。合作伙伴组织是 CNP 合作伙伴的重
要组成部分，可根据 CNPA 参与程度划分为 2 类。CNPA 参与合作伙伴组织，
典型代表包括："土地管理小组"，是 CNPA 与土地所有人共同建立的合作伙
伴关系；凯恩戈姆斯地方行动小组信托（The Cairngorms Local Action Group
Trust），是一个苏格兰慈善组织机构，旨在推动可持续与社区主导地方发展；

---

① The Lake District National Park Authority The partnership's plan 2015-2020, [EB/OL]. (2015-12-01) [2023-12-13]. https：//www.lakedistrict.gov.uk/caringfor/lake-district-national-park-partnership/management-plan/management-plan-2015-2020.

② 邓武功，程鹏，王全，于涵，杨天晴. 英国国家公园管理借鉴 [J]. 城建档案，2019（03）：80-84.

"凯恩戈姆斯自然"是自然保护相关的合作伙伴组织。CNPA 不参与合作伙伴组织，其典型代表为"凯恩戈姆斯国家公园商业合作伙伴有限公司"，它拥有来自 CNP 内所有行业约 350 家企业活跃会员，包括住宿、餐饮、交通、景点、娱乐服务等类别。CNPA 在合作伙伴参与的基础上，先后主导编制了《凯恩戈姆斯国家公园合作伙伴规划》2012—2017 年与 2017—2022 年两版，确定了自然保护、游客体验和社区发展的优先事项，并对众多合作伙伴组织与机构在国家公园管理中的作用与贡献提出了明确建议。

三、澳大利亚国家公园的公众参与

澳大利亚是世界上较早建立国家公园的国家之一。1879 年，澳大利亚首个国家公园——皇家国家公园在新南威尔士州建立，这也是全球第二个国家公园。目前，澳大利亚共有超过 600 个国家公园。① 澳大利亚的法律规定了各州和领地政府对国家公园及其他自然保护区承担职责，除卡卡杜、乌鲁鲁-卡塔丘塔、布德里、圣诞岛、普鲁基林和诺福克岛 6 个国家公园以及 60 个海洋公园和澳大利亚国家植物园由联邦政府直接管理外，其他国家公园及保护区均由所在州政府管理。②

1. 国家公园公众参与的相关立法

澳大利亚作为第一个为保护地立法的国家，早在 1863 年就在塔斯马尼亚通过了第一个保护地法律③，经过长期的发展，拥有了完善土地、生物和环境的法律体系。④ 随着 1976 年《原住民土地权利法》的通过，澳大利亚的原住民所有权和国家公园的联合管理的概念已经出现，原住民对传统土地的所有权逐渐得到法律的认可。⑤ "联合管理"是一种反映国家公园原住民以及相关政府的权力、利益和义务的法律关系和管理结构，这种管理方式在澳大利亚

---

① List of national parks of Australia [EB/OL]. (2023-11-19) [2023-12-11]. https://en. wikipedia. org/wiki/List_ of_ national_ parks_ of_ Australia.

② Parks Australia [EB/OL]. [2023-12-11]. https://parksaustralia. gov. au/.

③ 温战强，高尚仁，郑光美. 澳大利亚保护地管理及其对中国的启示 [J]. 林业资源管理，2008 (06)：117-124.

④ 简圣贤. 澳大利亚保护区体系研究 [D]. 上海：同济大学，2007.

⑤ Bauman, T, Stacey, C & Lauder, Joint management of protected areas in Australia: native title and other pathways towards a community of practice Workshop report [R]. Canberra, Northern Territory Govern ment, 2012：30-31.

有效地平衡了原住居民的利益与公园发展。1981 年，古里格国家公园成为澳大利亚第一个联合管理的国家公园。自那时起，北领地国家公园开始制定联合管理规划，随后，新南威尔士州和昆士兰州以及南澳大利亚也开始制定联合管理规划。①

政府不仅赋予原住民拥有和使用土地的权利，同时也认同原住民传统知识与文化的价值。卡卡杜国家公园社区共管建立在《原住民土地权利法（北领地）》和《国家公园与野生动物保护法案 1975》规定的法律框架之上，以充分保障原住民土地所有权。卡卡杜国家公园的《租赁协议》内容主要包括原住民使用和占用传统土地的权利、协议的条款以及 22 个旨在促进和保护土著人的利益、传统、就业、咨询和联络的具体契约。② 通过土地管理协议等行为将原住居民与国家公园管理机构合作关系予以制度化。③ 同时，《环境保护与生物多样性保护法案》明确规定国家公园由政府与原住民共同管理，因此卡卡杜国家公园根据相关法律设立了国家公园管理委员会，旨在解决政府与原住民在管理国家公园方面存在的问题以及协调国家公园与社区的共同发展。在实践过程中，政府与原住民将国家公园管理计划与租赁协议进行了不断地修改和完善，提高了土地租金和公园旅游收益并促进了社区生态旅游的发展。在完善的法律制度下，实现了国家保护生态与原住民权责利之间的平衡，保障了原住民的权利和原有的文化。

2. 国家公园管理和协调的部门

澳大利亚国家公园局是澳大利亚环境和能源部的下属部门，依据《环境和生物多样性保护法》负责保护和管理澳大利亚的 7 个陆地保护地和 59 个海洋保护地。④ 国家公园内建立管理委员会，使之依法负责公园的监测、保护以及管理等工作。管理委员会的成员包含了政府人员、原住民以及专家等重要利益相关者，确保了管理委员会既能体现国家对管理公园的意见，又能反映原住民对管理公园的诉求，这种管理结构有利于表达出各方的管理想法。以乌鲁鲁-卡塔丘塔国家公园为例，该国家公园的管理委员会由八名人员组成，

---

① 张天宇，乌恩. 澳大利亚国家公园管理及启示 [J]. 林业经济，2019，41（08）：20-24+29.
② 杨金娜. 三江源国家公园管理中的社区参与机制研究 [D]. 北京：北京林业大学，2019.
③ 薛云丽. 国家公园建设中原住居民权利保护研究 [D]. 兰州：兰州理工大学，2020.
④ 李永乐，张雷，陈远生. 澳大利亚可持续旅游发展举措及其启示 [J]. 改革与战略，2007（03）：35-37.

其中包括主席（按惯例为原住民）、国家公园主任、旅游部长提名人、一名环境部长提名人和一名北领地政府提名人。① 委员会根据批准的一套规则运作，并根据管理计划做出与公园管理相关的决策，监督公园的管理工作，就公园的未来发展向部长提出建议。在属地自治的多样化管理方面，除少数地区外，其他各州对本地的国家公园都设立了相应的管理执行机构。各州设立的国家公园管理机构享有的自主权力很大，形成扁平化、透明高效的管理体制。各属地的国家公园设定目标存在多样性，且各主要政府管理机构的名称和管理范畴不同，涉及的保护法案亦有差异。

3. 社区联合管理模式

为了平衡自然与原住民的利益关系，澳大利亚国家公园管理部门提出了独特的社区联合管理模式，全球广泛称之为社区共管（CBCM）。联合管理始于1979年，这种模式下政府和原住民是伙伴关系，政府分享原住民的土地，并分担管理土地的责任。通过联合管理，合作伙伴致力于保护公园的价值并与公众分享，将传统知识与现代科学结合起来，为原住民创造机会，参与各级公园管理，建立业务并为子孙后代保护他们的文化。联合管理首先需要相互尊重和相互信任。只有尊重和遵守法律，特别是 *EPBC* 法案和 *EPBC* 条例、土地权利法案、国家公园管理计划和国家公园租赁协议，才能共同致力于保护自然历史遗产。② 其次联合管理是一个持续的、不断学习的过程，需要原住民和管理部门积极合作，双方的关系也会在合作过程中发生转变，所以在管理和决策过程中需要其他部门以及专业咨询人员的帮助。联合管理体现在以下几个层面上。第一，由政府和原住民组成管理委员会，根据管理委员会工作组的建议制定"大局"或战略决策。第二，在委员会的指导下，由公园工作人员和原住民共同规划和实施工作方案，执行管理计划和决定。第三，联合管理的一个关键方面是在做出管理公园的决定时咨询原住民。与原住民共管模式也减轻了国家公园局的管理和财政负担，同时促进了国家公园与当地社区的协同融合发展。

---

① Uluru-Kata Tjuta National Park Management Plan 2021［EB/OL］.（2021-10-22）［2023-12-11］. https：//www.dcceew.gov.au/sites/default/files/documents/uluru-kata_ tjuta_ national_ park_ management_ plan_ 2021. pdf.

② Uluru-Kata Tjuta National Park Management Plan 2021［EB/OL］.（2021-10-22）［2023-12-11］. https：//www.dcceew.gov.au/sites/default/files/documents/uluru-kata_ tjuta_ national_ park_ management_ plan_ 2021. pdf.

澳大利亚国家公园在社区建设过程中尤其重视社区的权利、文化及发展等众多方面，其经验可归纳为权利保障制度、社区参与机制及社区引导政策3个方面。对原住民采取以下政策：国家公园在制定决策过程中，鼓励原住民参与有关的决策制定和计划执行；决策过程中充分尊重原住民的文化；将原住民的地方性知识应用到决策和管理过程中；给原住民提供工作机会等。在实际的管理行动中，公园为原住民工作人员提供培训计划，建立一个集中数据库，记录所有与原住民有关联的决策。[①]

国家公园建立之初，原住民由于缺乏识字、算数及语言等基本技能，无法在管理中提出建设性意见以及做出指引性决策。因此，政府逐渐开展针对原住民的管理技能培训，以便政府和原住民能更好地制定出阶段性并顺应时代发展的管理计划。此外，政府制订了一系列教育培养计划，例如向儿童提供环境教育，旨在帮助原住民理解传统文化和自然环境，从而在保护文化遗产和自然生态中发挥重要作用；向年轻人提供工作技能培训，为其增加护林、维护基础设施及自然资源管理等方面的就业机会，例如土著护林员计划。该计划帮助国家公园管理组织雇用和培训原住民担任护林员、协调员等，以开展管理活动，包括生物多样性监测和研究、传统知识转让、火灾管理、文化网站管理、野生动物和杂草管理、旅游资产教育计划和指导等。[②]

在澳大利亚国家公园制定决策的过程中，鼓励原住民参与国家公园管理计划的制订与执行，确保原住民和政府双方选出的代表权力相当，并且充分尊重原住民的传统文化，将原住民地方性的知识和生存技能应用到管理过程中。与此同时，政府支持原住民积极参与旅游经营，允许其创立独资或合资旅游企业、建设文化中心以及开展解说服务等。例如，在乌鲁鲁·卡塔丘塔国家公园和卡卡杜国家公园中，[③] 原住民担任公园巡警与领路导游、提供文化景观解说服务、经营文化旅游项目并投资建设游客旅社，该方式不仅维护了原住民的文化遗产，还推动了当地社区文化、生态旅游与经济的发展。其中发展原住民文化解说项目以及生态旅游是国家公园社区参与的重要特征。在

① 简圣贤. 澳大利亚保护区体系研究 [D]. 上海：同济大学，2007.

② Aboriginal Ranger Program [EB/OL]. (2023-10-10) [2023-12-11]. https：//www.dbca.wa.gov.au/management/aboriginal-engagement/aboriginal-ranger-program.

③ Zurba M, Ross H, Izurieta A, et al. Building co-management as a process：Problem solving through partnerships in Aboriginal Country, Australia [J]. Environmental management，2012，49：1130-1142.

特许经营权限方面，政策更偏向于原住民，这种政策性偏移有助于增加社区就业率以及提高原住民收入。通过发展旅游经济帮助原住民解决其生计问题以及提高原住民的生活质量。[①]

社区共管模式建立在政府将土地所有权授予原住民的基础上，但与此同时，原住民必须通过租赁土地或其他法律机制来支持国家公园的建设与规划，这说明原住民并不是自愿与政府机构结成合作伙伴关系。因此，在澳大利亚国家公园社区共管概念不断演变的同时，另一种新形式的原住民土地保护区，即土著保护区（IPA）应运而生。IPA 的建立是澳大利亚原住民第一次自愿接受其土地成为保护区，同时原住民可以选择政府参与管理的程度以及旅游发展的程度。土著保护区（IPA）与澳大利亚国家公园社区共管最大的区别在于：承认原住民土地的自然与文化价值以及承认原住民保护管理土地的权利是建立 IPA 的基础；政府不需要租赁土地作为保护区；在 IPA 内可减少建设国家公园所需的基础设施、工作人员配备以及日常管理等成本。[②]

4. 国家公园多元参与机制

澳大利亚国家公园的公众参与除了联合管理中原住民的社区参与外，还包括社会公众的参与。澳大利亚的各项管理计划在颁布实施之前都会进行公示，根据公众提出的建议和意见，经充分考虑各方面意见后再确定。例如，一个国家公园建立后放在政府的"公报"上公示 1 个月，让公众和科学家们对即将制订的管理计划提出建议，根据这些建议拟定新的管理计划草案再公之于众，并再给 1 个月的时间，请公众对新的管理计划提出意见和建议。最后，将管理计划修改稿和公众的各种意见一并上报给国会。相关的志愿者也会参与国家公园的建设与管理，通过社区参与和志愿服务机会，志愿者能够贡献他们的热情、专业知识和能力，帮助建设和管理国家公园。例如，澳大利亚国家公园的志愿者在游客中心欢迎游客，提供免费导游服务，并为国家公园的管理或研究项目提供宝贵的实践支持。[③]

此外，国家公园与机构建立合作关系，包括大学和其他研究机构等非政

① 侯艺，许先升，陈有锦，彭雪凌，许新. 澳大利亚国家公园社区共管模式与经验借鉴 [J]. 世界林业研究，2021, 34（01）：107-112.

② 侯艺，许先升，陈有锦，彭雪凌，许新. 澳大利亚国家公园社区共管模式与经验借鉴 [J]. 世界研究，2021, 34（01）：107-112.

③ Director of National Parks Corporate Plan 2023-24 [EB/OL]. (2023-08-31) [2023-12-11]. https：//www.dcceew.gov.au/sites/default/files/documents/dnp-corporate-plan-2023-24.pdf.

府组织。其中许多机构对国家公园的生态、环保和文化感兴趣。因此，这些合作伙伴在公园的有效管理中发挥着至关重要的作用，在制订该计划时，也需要咨询相关研究人员的意见。如"清洁澳大利亚"（*Clean Up Australia*）、"澳大利亚信托会"（*Australia Trust for Conservation Volunteers and Nomad Backpackers*），吸纳大量志愿者为国家公园无偿提供服务。对于国家公园的形象打造，最成功的经典案例则是大堡礁国家公园在全球招募"世界最幸福雇员"的推广活动，这对于提升大堡礁国家公园的全球声誉和澳大利亚国家形象皆产生了巨大而积极的影响。澳大利亚公众的生态保护意识很强，参与保护地建设管理的热情很高。

政府对社会参与给予了高度重视，在政策、法规、舆论宣传、资金支持、组织管理和技能培训等多个方面构建了有效的社会参与机制和渠道。如在制定相关政策、法规、总体规划和管理计划的过程中，要求必须进行公示，充分听取社会各界的意见和建议，最终文本也容易被人们通过网络等渠道获取，切实保障了公众的知情权、参与权和监督权。通过建立各种委员会、理事会、协会等组织，注意发挥非政府组织的独特作用，为社会参与搭建了有效平台。通过各种政府基金或保护项目，为公众参与提供了重要资金支持。① 以维多利亚州为例，有意参与公园保护工作的志愿者或团体，可以通过登门、打电话或者网络，直接向州公园局或维多利亚国家公园协会提出申请；也可以通过参与"绿色澳大利亚""澳大利亚保护志愿者"等组织开展的项目，参与保护工作。全州每年有数千名志愿者到公园做义工，超过 300 个的友好团体积极投身于州公园系统的管护，工作内容涵盖了科研、植树、清除杂草、宣传解说等多个方面。由澳大利亚自然遗产信托基金（NHT）资助的"国家保留地体系（*National Reserve System*，NRS）"项目，1997—2007 年的投资额已经超过 8600 万澳元，带动伙伴关系投资超过 1.05 亿澳元，帮助各州（领地）、地方政府、保护组织和私人土地所有者将 278 块土地纳入国家保留地体系。

国家公园的国际合作。国家公园的建设不仅是政府和所在地的责任，更是世界的责任。《联合国生物多样性公约》承认地球生物多样性是一项全球资产，对后代具有不可估量的价值。通过可持续的方式建设和管理国家公园，增强环境意识，从而实现经济福祉。如果适用国际公约，在国家公园的建设

---

① 张天宇，乌恩. 澳大利亚国家公园管理及启示［J］. 林业经济，2019，41（08）：20-24，29.

过程中也需要考虑国际协议下的义务，包括《世界遗产公约》或《拉姆萨尔湿地公约》等。以卡卡杜国家公园为例，该公园的自然和文化遗产价值已得到认可，已根据《世界遗产公约》列入《世界遗产名录》。该公园还根据 *EPBC* 法案被列入国家遗产名录，并根据《拉姆萨尔公约》被列为具有国际重要性的湿地。公园内的许多物种均受到国际协议的保护，包括《波恩公约》以及澳大利亚与中国、日本和韩国的候鸟保护协议。① 国家公园与国际组织合作密切，如联合国教科文组织、世界自然基金会（*WWF*）、世界自然保护联盟等，分享知识、汲取经验。

四、加拿大国家公园的公众参与

加拿大地域辽阔，拥有丰富的自然生态系统，生物多样性程度高，因此对于加拿大国家公园管理的研究更具参考性。自 1885 年第 1 个国家公园——班夫国家公园建立以来，截至 2019 年底，加拿大已建立了 47 个国家公园。加拿大国家公园的建设整体分为三个阶段。第一阶段是以经济利益为主的初始阶段。如班夫公园最初以开发温泉为目的而建立，此后在落基山脉附近还建立了 5 个不同用途的公园，该阶段还没有形成国家公园体系，更注重经济获利而非自然资源保护，在公园内依旧可以进行伐木、采矿、放牧等资源开发。第二阶段是以注重生态保护为主的发展阶段。加拿大议会通过了领土森林保护区和公园行动计划，划出部分土地作为野生动物保护区，民间同时组织开展抵制公园内部进行商业开发的活动。② 随后国会通过了国家公园行动计划，明确了加拿大国家公园服务于民的全新宗旨，1963 年为解决环境问题，成立了加拿大国家和省立公园协会，即现在的加拿大公园和原始生境学会。第三阶段是以生态完整性为目标的完善阶段。该阶段寻求将地域内群落的种

---

① Kakadu National Park MANAGEMENT PLAN 2016-2026 ［EB/OL］.（2021-12-02）［2023-12-11］. https：//www. dcceew. gov. au/sites/default/files/documents/kakadu - management - plan - 2016 - 2026. pdf.

② Parks Canada Agency. "Unimpaired for future generations?" Protecting ecological integrity with Canada's national parks. Vol. IV "Setting a new direction for Canada's national parks". Report of the panel on the ecological integrity of Canada's131 national park ［R］. Minister of Public Works and Government Services, 2000：1-95.

类组成和功能组织与该区域自然生态环境下的群落类比维持在平衡水平。① 现如今加拿大国家公园管理处的一切决策都以保护生态完整性为首要目标，与大学、当地政府、原住民等一起开展公园的管理工作，并陆续开展了国家海洋公园的建设。②

1. 加拿大国家公园管理现状

加拿大在 1911 年建立领土公园分部，即现在的公园管理局，是世界上最早的国家公园管理机构。该机构负责保护国家的自然和文化遗产，并以维持生态完整性的方式提高公众对独特性风景遗产的理解和欣赏。管理局的首要工作是确保政府资金流动，履行经济行动计划，加强国民与保护地之间的联系和互动，保障生态完整性，延续国家公园体系的扩张。③ 加拿大国家公园管理局的角色包括四个方面的内容：第一是监护人，监护加拿大的国家公园、国家历史遗址和国家海洋保护区；第二是向导，为来自世界各地的游客打开发现、学习、和反思的大门；第三是合作伙伴，勇于将当地原住民的丰富传统、多元文化与国际社会相联系；第四是做讲故事的人，讲述所在土地及人民的故事，也就是加拿大的故事。④

加拿大采取自上而下与地方自治相结合的管理机制，由 1 个联邦政府、10 个省政府、2 个地区政府、若干个委员会和有关当局的管理保护区共同管理。⑤ 由于联邦政府设立的国家公园和省立国家公园的管理体制不同，因此由联邦政府设立的国家级公园实行垂直管理体制，省立国家公园由各省政府管理，其管理机构不受联邦国家公园管理局的指导和管理。联邦遗产部国家公园管理局方面负责国家公园的一切事务，国家公园管理局执行委员会是其高级决策机构，由公园管理局执行总裁、处级主任、行政事务总干事、魁北克省及山区公园执行主任、生态完整性执行主任、人力资源办公室主任、高级

① Parks Canada. National Parks System Plan [EB/OL]. [2023 - 12 - 13]. https：//parks. canada. ca/pn-np/plan. html.

② Hughes E L. Environmental Protection in National Marine Parks [J]. UNBLJ, 1992, 41：41.

③ Parks Canada. Parks Canada Guiding Principles and Operational Policies [EB/OL]. (2018-07-12) [2019-10-20]. https：//publications. gc. ca/site/eng/9. 645546/publication. html.

④ Parks Canada. The Parks Canada mandate and charter [EB/OL]. [2023-08-17]. https：//parks. canada. ca/agence-agency/mandat-mandate. html.

⑤ 钟永德，徐美，刘艳等. 典型国家公园体制比较分析 [J]. 北京林业大学学报（社会科学版），2019, 18 (01)：45-51.

财政官、通信联络办公室主任和高级法律顾问等组成，为国家公园管理局确定长期的发展战略方向以及近期的优先发展目标。每年也负责国家办公室、现场管理区以及服务中心在商务发展计划中的资源分配。批准新政策和创新服务项目。加拿大省级国家公园，则由各省政府独立管理，其管理机构并不接受联邦国家公园管理局的指导。

2. 加拿大国家公园的公众参与

1930年，加拿大正式颁布《加拿大国家公园法》，是世界上第二个设立国家公园的国家，其班夫国家公园是世界上仅次于黄石公园的第二个国家公园。《加拿大国家公园法》明确规定了必须给公众提供机会，使他们有机会参与公园政策、管理规划等相关事宜。如第2.4条管理计划中有"在国家、地区和当地水平上，适当的公众参与是完善管理计划的必需步骤"之规定。又如《加拿大国家公园法》第2.5.1.6条规定："在制定和完善公园管理条例时需向公众咨询，而且对游人的关注是制定这些条例的原则基础。"省立公园法中相关的规定更多。[①] 1971年，加拿大通过了《国家公园系统规划法案》，规定加拿大国家公园的设立由国家公园管理局主导，多方共同参与。

国家公园行动计划明确规定了必须给公众提供机会，使他们有机会参与公园政策、管理规划等相关事宜。由于一些国家公园与原住民的保留地重合，因此对于社区居民的政策也分为两类：第一类，针对国家公园附近的一般居民，按规定只允许居住在社区中心，并严格禁止一切自然资源利用活动；第二类，则针对国家公园内的原住民，加拿大国家公园管理局非常重视原住民的问题，对于其管理政策不断调整，强调尊重原住民的传统生活方式，明确其因为传统的围猎、捕鱼和采摘，对自然资源依赖很大，因此在国家公园建立之初，就与当地原住民达成协议，合理划出自然资源利用区，使原住民在该区域内可以保留传统的生活方式，但禁止以掠夺式的方式利用资源[②]。加拿大国家公园非常重视原住民在公园管理当中的作用，认识到原住民是保护自然和文化资源的独特伙伴，希望与原住民建立超出法律要求的牢固和长期的

---

① 周武忠. 国外国家公园法律法规梳理研究 [J]. 中国名城, 2014 (02)：39-46.

② Parks Canada Agency. "Unimpaired for future generations?" Protecting ecological integrity with Canada's national parks. Vol. IV "Setting a new direction for Canada's national parks". Report of the panel on the ecological integrity of Canada's national park [R]. Minister of Public Works and Government Services, 2000：1-95.

关系，确保其声音和观点能够对管理决策提供有意义的信息。① 在制度层面，《加拿大公园管理局法案》不断进行修正，赋予原住居民使用国家公园的土地、从事传统的可再生资源采集活动，为原住居民参与国家规划和发展提供机会，又陆续提出与原住民的合作、协同发展问题，同时也强调原住居民对其领地内的自然和文化遗产方面所承担的责任。② 1999 年加拿大国家公园管理局内部建立了原住居民事务秘书处。2000 年加拿大国家公园局长与原住居民协商委员会建立，促进了加拿大公园管理局领导者与原住居民间多主题、公开和坦率的对话。③ 2017 年加拿大原住居民和北方事务部进行机构重组，成立"国家-原住居民关系与北方事务部"和"原住居民服务部"，以更好地为原住居民提供服务，增强原住居民能力建设和治理现代化，促进与原住居民的和解。④ 加拿大国家公园与他们建立真正的伙伴关系，尊重原住民文化在生态完整性建设中的作用。一些原住民还参与国家公园的巡视工作。⑤ 目前，原住民员工占加拿大公园员工总数的 8.3%，还有一些为他们专门设计的就业方案，以招募原住民进入特定的职业领域，并明确实现就业目标。加拿大国家公园同时制定了原住民领导力发展方案，支持建立原住民工作组，在这里原住居民员工每年都会聚集在一起，学习管理原则、沟通以及基于原住民价值观的社区互动等技能。随着国家公园政策议程逐渐由国家主导转为法律化、制度化的公众参与，联邦政府开启了以增强原住居民参与为目的的多个原住居民项目，包括：公园管理局直接招聘、培训和保留原住居民；启动原住居民领导力发展项目；建立原住居民工作组；针对知识和信仰价值的差异，与原住居民传统知识持有者群体开展密切合作，支持原住居民的传统和语言发

① LANGDON S, PROSPER R, GAGNON N. Two paths one direction：Parks Canada and Aboriginal peoples working together［C］//The George Wright Forum. George Wright Society, 2010, 27（2）：222-233.

② 陈莉，田甜，Wu Wanli，等. 加拿大国家公园与原住居民协同共治框架体系及启示［J］. 世界林业研究：, 2023, 36（05）：119-125.

③ LANGDON S, PROSPER R, GAGNON N. Two Paths One Direction：Parks Canada and Aboriginal Peoples Working Together［J］. The George Wright Forum, 2010, 27（2）：222-233.

④ 陈莉，Wu Wanli, Wang Guangyu. 加拿大国家公园与原住居民互动演变历程和经验启示［J］. 世界林业研究，2021, 34（06）：98-103.

⑤ 刘鸿雁. 加拿大国家公园的建设与管理及其对中国的启示［J］. 生态学杂志，2001（06）：50-55.

展；与原住居民一起工作，增加日常互动等。①

　　加拿大政府也提出了共管模式。加拿大北部育空领地的克卢恩国家公园就建立了共管模式。克卢恩国家公园于 1972 年成立，是香平爱赛客人的传统居住地。1993 年克卢恩国家公园建立了共管委员会，委员会的四位成员由加拿大环境部任命，两名由政府选举，另外两名由原住居民推举。共管委员会中的原住居民代表可以对决策发表意见，尤其是涉及原住居民自身利益的一些决策，这些代表有权对国家公园的管理产生影响。②

　　加拿大国家公园从创建之初到运营管理的每一项工作，特别是涉及自然资源和环境保护的问题，都充分考虑公众的意见。加拿大国家公园管理中，公众的意见系统计划、计划目标拟定、交替方案拟订和经营管理计划拟订均被列为重要的参考资料，且公众对自然文化景观和环境保护的意愿也被充分考虑，真正做到了人与自然和谐发展，使公众全面参与国家公园规划设计的每一层面。③

第二节　公众参与国家公园管理的国外经验及启示

一、公众参与国家公园管理的国外经验

　　公众在国家公园建设、保护、管理中起着关键性作用。公众参与是解决人力资源短缺、协同建设、保护国家公园的一个主要途径，也是推动国家公园高质量发展的重要力量。他山之石可以攻玉，我们可以借鉴国外公众参与国家公园管理的经验为我国公园建设提供参考。国际上国家公园的公众参与案例较多，这些案例可以给予我们更多的启发。比如，美国黄石国家公园采用了多种方式促进公众参与，如公众会议、志愿者项目和教育项目；公园还设立了公民科学计划，邀请公众参与野生动植物观察和数据收集，以促进科

　　① Working together：our stories：best practices and lessons learned from aboriginal engagement ［R］. Ottawa：Parks Canada, 2011.

　　② 薛云丽. 国家公园建设中原住居民权利保护研究 ［D］. 兰州理工大学, 2020.

　　③ 张颖. 加拿大国家公园管理模式及对中国的启示 ［J］. 世界农业, 2018 (04)：139-144.

学研究和保护工作。加拿大班夫国家公园通过公民论坛、公众咨询和社区合作等方式，积极吸纳公众的意见和建议，让公众参与保护决策和规划，确保公园的可持续发展。澳大利亚大堡礁国家公园采取了全面的公众参与策略，包括建立公众咨询委员会、组织公众讨论和工作坊等，公众参与的重点是保护和管理海洋生态系统、保护大堡礁的生物多样性。再如奥地利霍赫塔瑙国家公园通过与当地社区合作，开展野生动植物保护项目、环境教育活动和生态旅游等，让公众参与国家公园的保护和管理。

综合而言，国外公众参与国家公园建设和保护的经验是一种将公众融入保护和管理过程的策略，以促进可持续发展和保护自然环境。主要体现在以下几个方面。一是参与主体多元化。公众应当积极参与国家公园建设和管理，但目前对于我国公众参与主体并没有明确的规定和统一的标准。一些国家的国家公园的参与主体比较广泛，一般包括国家公园建设和发展的所有利益相关者，如周边社区居民、土地所有者、科研工作者、环保组织、企业、非政府组织等。除此之外，美国网民或长期与国家公园合作的人也可参与国家公园的规划决策。这种多元化的参与主体不仅保证了国家公园管理决策的科学性和民主性，为政府管理节约了大量的人力、物力和财力，还保证了每个公民参与国家公园保护和发展的权利，真正实现了国家公园全民共建共享。二是参与内容丰富化。国家公园高质量发展涉及规划、保护、经营、建设等各个方面。让公众参与国家公园的各个方面，可以提高国家公园的管理水平，推动国家公园高质量发展。如美国、加拿大和澳大利亚等国家通过让公众积极参与国家公园规划、管理计划、经营计划等决策的制订，在最终决策制定时也充分结合公众的意见和建议，从而使所制定的决策更加民主和科学，也使得决策在执行时更加有效。日本通过"国家公园志愿者""绿色工程项目""公园副管理员"等项目的实施，提升了公众的环境保护意识，极大地促进了国家公园生态环境的保护。同时，法国、新西兰国家公园管理局让高校或科研机构的研究工作者参与国家公园的生物多样性保护、动植物保护、生态系统修复等方面的研究，为国家公园的高质量建设和管理提供科技支撑。三是参与方式多样化。完善的参与渠道和方式是保障公众参与权利得以实现的基础。一些国家的国家公园除了采取信息公开、咨询、沟通协商等传统的公众参与方式外，也充分利用网络、项目合作等方式，拓宽公众参与渠道，让公众更充分地参与国家公园建设。如通过美国 *PEPC* 网以及英国的访问论坛，公众既可以公开发表自己对国家公园的规划、管理、经营等各方面的意见和建议，也可以在网站上及时关注国家公园的相关信息。澳大利亚的联合管理以及新西兰双列统一管理的国家公园管理模式，为公众参与国家公园管理提供了制度保障。而日本则通过项目合作的方式鼓励公众参与国家公园的建设和发展等。四是参与模式为合作伙伴。一些国家的国家公园的建设和保护通常会与非政府组织、科学研究机构、企业以及其他利益相关方建立合作伙伴关系。伙伴关系强调的是关系的平等性，要求人们合作并相互尊重，它包含参与、联系，并为大家的共同利益而工作。合作伙伴可以提供专业知识、技术支持、资金和资源，共同推进国家公园的建设和保护工作。同时，与不同利益相关方合作也有助于增加公众在决策过程中的影响力。

二、公众参与国家公园管理的国际启示

长城国家文化公园作为特定开放空间的公共文化载体，通过整合长城及其周边衍生的各类文化资源，以公园化管理运营模式，不仅能更好地保护长城这一中华文化重要标志，还能带动周边乡村的发展，满足人们休闲娱乐和文化体验的精神需求。国外较为成熟的国家公园公众参与实践，为我们建设长城国家文化公园提供启示。

1. 长城国家文化公园的建设需要多元社会力量的参与

（1）非政府组织（NGO）参与

NGO 在长城国家文化公园的建设和保护实施中发挥着重要的作用。例如，文化保护组织可以提供专业知识和技术支持，参与文化遗产的保护和传承工作；环保组织可以监督公园的环境保护工作，并提供相关建议和意见。政府可以与 NGO 进行合作，共同制定公园的保护和管理政策，并提供相应的支持。

（2）社区参与

当地居民和社区是长城国家文化公园建设和保护中重要的参与方。政府可以设立居民代表机构，与当地居民进行密切的沟通和合作，听取他们的意见和建议，并将其纳入决策过程。同时，政府也可以鼓励社区自发组织，参与公园的管理和保护工作，促进社区参与和共同发展。一些国家的国家公园的建设和保护通常会鼓励社区参与决策过程。这包括与当地居民和部落合作，以了解他们对公园的需求和关注，并确保他们的意见和利益在规划和管理中得到充分考虑。

（3）企业参与

企业可以通过履行社会责任，参与长城国家文化公园的建设和保护。企业可以提供资金和资源支持，如资助文化保护项目、修复文物等；企业也可以通过开展环保活动、推动可持续旅游等方式，促进公园的可持续发展。政府可以鼓励和引导企业履行社会责任，并与企业进行合作，实现共赢。

（4）志愿者参与

志愿者可以在长城国家文化公园的建设和保护中发挥积极的作用。志愿者可以参与文化遗产保护、环境监测、宣传推广等工作，为公园的发展和保护提供帮助。政府可以组织志愿者培训和管理，激励更多的人参与公园的建设和保护。

（5）休闲和旅游活动

一些国家的国家公园通常会提供各种休闲和旅游活动，如徒步、露营、观鸟等，以吸引公众前往公园并体验自然。这不仅有助于提高公众对自然环境的认识和关注，还为公众提供了参与保护和管理的机会。同时，公众的旅游消费也能为公园提供资金支持，促进可持续发展。

2. 长城国家文化公园建设的多元力量参与需要一定的保障机制

上述社会力量参与机制可以通过政府的引导和推动来实施。政府需要建立健全参与机制和合作机制，加强与各方的沟通和合作，确保社会力量有效参与并发挥作用，实现长城国家文化公园的可持续发展。

（1）制定相关政策和法规

政府应当制定相关的政策和法规，明确社会力量参与的权利和义务。这些政策和法规应当明确社会组织的合法地位和权益，鼓励和支持社会组织参与长城国家文化公园的建设和保护。同时，政府还应当建立相关的监督和评估机制，确保社会力量的参与得到有效的落实和监督。

（2）社会参与决策机制

政府可以通过举办听证会、座谈会等形式，邀请公众、专家、学者等参与决策过程，征求各方的意见和建议。特别是当地社区和居民，应当充分听取他们的建议，政府可以设立居民代表机构或者建立社区咨询机构，确保他们的权益和意见得到充分的体现。政府也可以与社区合作，共同制定公园的管理规定，并引导社区参与公园的建设和保护。

（3）政府与社会组织合作

政府可以与相关的非政府组织（NGO）、文化保护机构、旅游协会等社会组织合作，共同制订长城国家文化公园的建设和保护计划，并明确各方的责任。社会组织可以提供专业知识和技术支持，协助政府进行文化保护、环境保护等工作，提供相关的咨询和建议。

（4）引导企业履行社会责任

政府可以通过开展宣传教育、提供奖励和扶持政策等方式，引导企业履行社会责任，参与长城国家文化公园的建设和保护。企业可以通过资金捐助、技术支持、环境保护等方式，为公园的可持续发展和保护提供支持。

（5）招募志愿者参与

一些国家的国家公园会设立志愿者计划，吸引公众参与保护和管理工作。志愿者可以参与巡逻、清理垃圾、教育讲解等活动，为公园提供宝贵的劳动力资源，同时也增加公众的参与感和责任感。长城国家文化公园的建设也可以实行志愿者计划，由政府相关部门组织和培训志愿者，鼓励公众积极参与公园的建设和保护。志愿者可以参与公园的巡查监测、文物保护、宣传推广等工作，为公园的发展和保护提供各方面的支持。

（6）多方资金支持

政府可以鼓励社会力量通过捐款、赞助、投资等方式提供资金支持，用于国家文化公园的建设和保护。同时，政府还可以设立专项基金，吸引社会力量捐款，并确保资金使用的效率和透明度。

（7）扩大教育宣传

一些国家的国家公园会开展各种教育和宣传活动，以提高公众对保护自然的意识和重要性的认识，包括举办讲座、举办学校活动、制作宣传资料等，以增加公众对公园的理解和支持。政府可以通过加强公众教育和宣传活动，提高公众保护长城国家文化公园的意识。通过举办讲座、展览等活动，向公众介绍公园的历史文化价值，引导公众积极参与公园的保护。

总的来说，国外公众参与国家公园建设和保护的经验强调了公众的参与和合作，以实现可持续发展和保护自然环境的目标。通过社区参与、教育宣传、志愿者计划和休闲旅游活动，公众能够更好地了解、关注和参与国家公园的建设和保护工作，共同实现自然资源的可持续利用和保护。

第八章
社会力量参与长城国家文化公园
建设和保护的路径

长城保护的重要性不言而喻。但是，由于长城大多分布在交通条件较差、自然环境比较恶劣，人迹罕至的山区、戈壁、草原等区域，管理维护难度较大，仅靠国家文物保护部门的力量难以解决其保护管理以及活化利用等方面的问题。因此，势必要引进更多的社会力量参与。长城国家文化公园涉及的社会力量多元，存在于不同的层级部门、行业、领域和组织，他们的参与能力、参与工具和参与技术、参与内容、参与形式、参与深度等方面的不同，决定了社会力量参与的路径也不同。

第一节　村庄层面参与长城国家文化公园建设和保护的路径

长城沿线省市区县内的村庄在长城国家文化公园建设中具有的重要作用在前文已经叙述，如何才能实现村庄的内源性参与成为研究的重点。一方面，长城沿线村庄要实现内源性参与，需要乡镇层面的整体设计和力量支持。虽然是同属一个乡镇的村庄，但他们拥有的资源会因为距离长城远近不同而存在差异，对长城国家文化公园建设产生的影响也会不同。但是，这些村庄隶属同一个乡镇的行政属性，加上国家文化公园建设的多元目标，需要长城所在区县以及乡镇层面进行综合考虑。如调研的古北口镇，不仅拥有保存完整、沿线较长、敌楼敌台较多的长城资源，也拥有较多的庙宇资源和多民族文化资源，是一个非常重要的历史文化名镇。辖区内有9个行政村和4个居委会，其中有3个村庄是中国传统村落，5个是传统民族村，文旅融合的基础资源非常丰富。目前，该乡镇已经和专业团队合作完成古北口路的组团规划，包括三条长城红色文化的探访路线、传统村落的连片设计等项目。古北口镇的建设正是从乡镇层面进行整体规划设计的典型：将所有村庄资源纳入镇级层面的整体框架，对村庄内源性参与长城国家文化公园建设提供平台和路径。另一方面，内源性参与强调了村庄是长城国家文化公园内部资源力量的动力和主体。长城沿线村庄作为长城文物所在地，在长城国家文化公园建设中获得很多发展机会，但也会因为文物保护红线的设定，使得村庄面临较多发展困境。尤其是村庄作为社会治理的"最后一公里"，会因为各方面能力的限制和"不出原则问题"的求稳心态，导致发展瓶颈很难被突破。所以，长城国家文化公园的建设，需要对长城资源较为丰富的乡镇进行区域性社会生态文化环境的评估，避免文物保护红线设定"一刀切"，本着具体问题具体分析的思路，由政府和专家团队协助村庄研讨并制定发展规划，充分体现村庄的主体性，将村庄发展纳入国家文化公园的建设系统，尊重村庄和村民经济发展、文化建设的需求，赋予他们参与的权利，创设参与路径，提升参与能力，将长城国家文化公园的建设与村庄的发展有机融合起来，激发村庄和村民参与的动力，才能最终实现长城国家文化公园的共建、共治和共享。

一、参与式制度设计是构建村庄参与长城国家文化公园建设路径的前提

通过制定一定的规则或运作模式给予村庄参与长城国家文化公园建设和保护的权利，是多个国家公园建设和管理实践经验的共同点。目前，关于长城保护员有相关的法律条例对其进行保障和规范，如 2006 年的《长城保护条例》从法律层面确定长城保护员的聘任制度，2015 年国家文物局完成了长城保护员的身份核实、审查、备案工作，2016 年出台《长城保护员管理办法》，从制度层面进一步规范长城保护员的管理。但是，对于村庄内其他群体在长城保护、文化传承和创新利用方面的参与，缺少相关的制度设计。调研数据显示，85% 的被调查者认为村民应该对长城保护提出要求和建议。随着开放合作、合作管理等思想的发展，各国开始重视国家公园及周边社区居民的居住、土地、生计问题，尊重当地社区的传统文化，尝试通过公园立法、"社区参与"和"社区共管"等管理模式创新，积极引导社区参与国家公园的建设与管理。[①] 通过社会成员的深入参与，在尊重差异、平等协商的基础上发挥社会成员的积极性和主动性。长城国家文化公园建设和保护的社区参与是由村

---

① 廖凌云，杨锐. 美国国家公园与原住民的关系发展脉络 [J]. 园林，2017 (02)：28-31.

庄内利益相关群体与外来力量一起，共同分析社区在长城国家文化公园建设中村庄所面临的问题，基于文物和文化资源以及可以利用的外来资源基础上，确立建设、保护的目标和活动，是一种以解决问题为导向的社区决策和行动过程。村庄参与式制度设计有别于其他管理制度的突出特点是更加强调社区居民作为参与主体的主体性和主动性、交互性，以自下而上的工作形式，体现平等协商的伙伴关系、注重参与的过程而不仅仅是结果、强调参与者的责任意识和贡献力量，以行动为导向，实现利益相关群体的共同参与，是对自上而下政府管理制度方式的重要补充，参与理念的转变是参与制度设计的关键。通过参与制度的设计，赋予村庄对长城国家文化公园建设和保护的知情权、参与权和共同管理权，使资源使用者（社区）与长城国家文化公园的上级管理部门之间进行对话和权利共享，构建长城国家文化公园建设和保护的制度保障。

二、村庄参与能力提升是长城国家文化公园建设路径实现的重要基础

村民参与能力是有效参与长城国家文化公园建设的基础。亚历山大·布科夫（Aleksej Bukov）等第一次将经济学的资源和能力分享理论运用到老年人的社会参与的分析中，认为"社会参与程度的高低，取决于先前拥有的资源和能力的多少与强弱"。[①] 社会参与需要依赖三种能力，即"以时间分享为主体内容的集体性参与能力""以特殊技能分享为主体内容的生产性参与能力"和"以决策和社交能力分享为主体内容的政治性参与能力"。集体性社会参与是指团体成员的共同行动，每位成员分享的主要资源是时间；生产性社会参与指为他人提供服务、商品和利益的社会参与，如志愿者服务、社区服务等；政治性社会参与指有关社会群体和资源分配的决策行为，除了时间和特殊技能，参与者还分享了社会活动知识与社会行动能力等其他资源。[②] 伴随中国农村经济体制改革以及城市化、工业化和现代化的发展，长城沿线村庄也和其

---

① Aleksej Bukov, Ineke Maas & Thomas Lampert. Social Participation in Very Old Age: Cross-Sectional and Longitudinal Findings From BASE [J]. Journal of Gerontology: Psychological Sciences, 2002 (6): 510-517.

② 辛治洋，翟文爽. 从"活动参与"到"能力分享"——论社会参与能力培养的思维转向 [J]. 安徽师范大学学报（人文社会科学版），2021, 49 (02): 144-151.

他中国农村一样，面临着"空心化"和老龄化的现实，能够参与长城国家文化公园建设和保护的也多为中老年群体，因此，对村民参与能力的培养可以借鉴上述能力培养的相关内容和方法。提高村民参与能力的主要途径包括以下方面。首先，村民需求评估是提升参与动机和参与意愿的基础，这就需要对村民在长城国家文化公园建设中的需求进行调研、评估和分析，尊重并满足村民的需要，吸引村民参与并投入时间提升集体性参与能力。长城国家文化公园的建设，将村庄的空间纳入整个公园建设的领域，尤其是村庄文化空间成为文化公园的重要组成部分，对村庄和村民来说是一个发展的契机，一方面是经济层面的收入提升，另一方面是村庄文化的挖掘和传承。但同时，不同群体的参与需求和动机有所不同，为调动村庄内不同群体的参与，还需要进行需求调研，提高参与意识、提升参与意愿。其次，通过培育社区社会组织的方式提升村民的参与能力。社区社会组织是村民参与的重要形式，但是目前社区社会组织的发育还很不完善，尤其是在农村地区，村民自发的组织很少，且多以休闲娱乐为主，公益服务类的社区组织较少。一方面，可以积极引导，通过活动设计和社区教育，引领这些娱乐型社区组织积极参与到长城国家文化公园建设的公益服务活动中。另一方面，通过引进农村社会公益组织孵化机构，运用专业社会组织的力量，以外部干预的形式，招募社区内志愿服务成员，举办丰富多元的活动吸引并邀请村民参与，进行村民教育和培训，建设和培育长城守护志愿者队伍。同时，借鉴"时间银行"和"积分制"等方式，实现有组织的志愿服务和社区服务，调动村民参与的激励机制，吸引村民参与。最后，在参与决策时，使村民明晰自己的平等权利与责任，拥有在复杂民主环境中的决策与协商能力。"个体获得的才能不再是某个结论或共识，而是对生活复杂性的认识，习得个体作为社会成员的角色意识以及公民商议的正义原理。"[①] 根据不同问题的类型、不同的参与角色，制定准确、清晰的社会参与能力培养目标要求，为村民平等参与提供可靠的依据与清晰的框架。

---

① 王雅丽. 德育活动的行动品性与育德空间探寻——基于汉娜·阿伦特"行动"理念的思考 [J]. 上海教育科研, 2017 (01): 62-66.

三、村庄文旅融合是村庄参与长城国家文化公园建设路径的可持续动力

长城国家文化公园作为一个特定开放空间的公共文化服务载体，目标是通过遗产教育和文化旅游实现文化认同和文化传承。村庄特色文化的挖掘和发展是区域内村庄依靠国家文化公园的建设实现乡村振兴和共同富裕的可持续发展路径，将其融入长城国家文化公园的整体建设，形成村庄传统文化与长城文化保护和建设的共荣共生。长城脚下的乡村要实现有品质的发展，离不开独特的地域文化。而长城国家文化公园建设，也将推动这些地区走出一条"文旅融合"和"农旅融合"的发展道路。① 长城文化带沿线地区的 404 个县，从东北、华北到西北多为偏远地区，村庄经济发展相对滞后，文化挖掘展现和村庄活力大多不足，长城国家文化公园建设对这些地区挖掘本地文化资源，丰富长城国家文化公园的文化内容，创新和发展乡村旅游与特色生态产业会起到很大的推动作用。"文旅融合区"是长城国家文化公园四类主体功能区之一，"推进文旅融合工程"是其中五个关键领域实施的基础工程之一。村庄目前现实的基础，仅凭村庄内部的力量很难独立完成文化挖掘和建设能力，需要参考新内源性发展理论：即将外部要素嵌入并带动发展能力不足的农村社区，激发村庄的参与动力，提升村庄的发展能力，进而实现乡村的发展。长城国家文化公园的建设为长城沿线村庄的发展带来制度保障和资源支持。这些外部多元社会力量进入村庄，运用参与式行动研究和实践的方法，依托社会力量的组织能力和专业能力，与村庄内生资源力量——村两委组织、村庄能人、长城保护员、社区志愿组织等，协同进行村庄评估、梳理村庄文化传统，进行特色文化资源的挖掘和利用，并将其整合到长城国家文化公园的建设中，以外促内提升内源性参与的力量，如打造"长城人家"特色民宿、长城衍生文化的挖掘和利用、村庄文化与长城国家文化公园融合的标识设计等，将村庄打造成具有象征、意义、符号、价值、情感、记忆的沉浸式体验空间，实现国家文化公园的"以文化之"的作用。通过发展文化旅游、特色生态产业，将内外部力量整合成长城国家文化公园和村庄发展的经

---

① 董耀会. 长城国家文化公园建设的几点思考［C］//中国长城学会，《文明》杂志社，中共北京市延庆区委宣传部. 中国长城文化学术研讨会论文集. 北京：中国书籍出版社，2019：6.

济共同体、价值共同体和文化共同体。同时，拓宽村庄独立发展的思路，依托长城的线状特点，在文旅融合过程中将营造文化时空场景、确立文化价值符号、建构文化叙事体系有机整合①，促进长城国家公园辖区范围内所有社区之间的连接，构建区域整体发展框架。另外，为平衡长城国家文化公园与城堡型村落之间的利益关系，可以借鉴澳大利亚国家公园管理部门独特的社区联合管理模式，探索长城国家文化公园与属地内原住民的共管模式，既减轻了长城国家文化公园的管理和财政负担，同时促进了长城国家文化公园与当地社区的协同融合发展。

第二节　游客层面参与长城国家文化公园建设和保护的路径

一、创建游客层面日常参与的数字化平台

为了解决信息传递不及时和参与渠道不畅的问题，应该建立一个全面的信息传递和参与平台，确保公众能够及时获得相关信息以及参与互动。据中国互联网络信息中心 2023 年 8 月发布的《中国互联网络发展状况统计报告》，截至 2023 年 6 月，我国网民规模达 10.79 亿人，较 2022 年 12 月增长 1109 万人，互联网普及率达 76.4%。伴随数字技术、互联网的发展以及 5G 时代的来临，数字技术已经渗透人们的日常生活，更多社会参与和互动的社会性网络开始形成，为人们在长城国家文化公园的建设和保护中发挥重要作用提供越来越多的可能。以问卷、访谈和座谈会形式为主的建议征集不能满足大量参与群体的需求。数字化平台跨越时空的限制，有着开放、自由、平等的特点，所有人都可以在其中获得相关信息和知识，也可以通过在线问卷调查、讨论贴吧、在线咨询、留言、点赞等形式开展线上互动，为长城国家文化公园的公众参与提供重要的途径。另外，VR、AR、MR 等技术可以使参与者获得沉浸式的体验，人们在线上就可以实景感知长城文化带来的视觉体验。游客的

---

① 钟晟．文化共同体、文化认同与国家文化公园建设 [J]．江汉论坛，2022（03）：139-144.

相关调研资料也显示（见表8-1），游客希望通过媒体宣传（87.3%）、网络（76.4%）等数字化信息媒介的方式，获取长城国家文化公园建设的相关信息。因此，可以通过不断完善网络平台的方式吸引更多社会力量参与长城国家文化公园的建设。

表8-1　游客获取长城国家文化公园建设和保护信息的途径

		频率及占比	
		个案数	百分比（%）
获取途径	政府文件	97	58.8
	媒体宣传	144	87.3
	培训	54	32.7
	网络	126	76.4
	书籍	45	27.3
	其他	0	0
有效填写人数		165	

长城国家文化公园可以借鉴国家公园公众网络平台参与的经验，不断完善游客网络参与的形式。一是建立长城国家文化公园的官方网站和公众号，并设置不同的模块，包括不同段落长城国家文化公园的情况介绍，突出不同段落的特点。另外，建立数字化长城国家文化公园的资源库，让公众了解长城的相关知识，包括公众参与长城保护的注意事项等。目前，北京长城文化研究院创设的公众号，开发了长城共享（包括长城研究、长城云展览、田野调查、项目实践、长城文化探访线）、精彩推介（包括圆桌讨论、创意交流、看看世界、开放利用）、联系我们（包括研究员介绍、志愿者、联系我们）三个模块。从长城研究到修缮建立了完善的数字化体系，尤其是在北京大庄科长城段落研究保护项目中建立了云端漫游展览，通过长城景观全景VR漫游、考古和工程现场三维时空回溯、虚拟修复再现明代长城、公众评价把脉保护工程、参与打卡助力长城巡查等内容，将全过程科研试验、全过程考古研究、全过程数字记录、全过程公众参与、全过程实操培训等展示给大众，为人们直观深入地了解长城提供了宝贵资料。二是建立公众参与的专门模块。长城国家文化公园不仅包括长城核心资源，也包括周边的自然资源和村落社会空间资源，与国家公园不同的是更加强调其文化属性。文化作为人类在社会历

史发展过程中创造的物质财富和精神财富的总和，更需要公众参与它的保护、传承和发展。可以设计不同内容的公众意见反馈表单，不仅有关于长城本体预警、长城文化阐释、长城精神挖掘和阐释的意见反馈模块，也有关于公园内其他自然资源、文化空间资源等相关方面的模块，公众可以通过网络反馈到平台，并由专门的信息收集人员将反馈意见整理并提交相关的部门进行研讨，给予及时的反馈。同时，要确保交流和反馈的准确性和透明度，提高公众参与的信任感，增加公众参与的积极性和满意度。设置长城国家文化公园建设不同阶段的建议收集箱、不同类型的志愿者参与模块以及企业加盟和捐赠相关项目的模块等，开发更多、更科学的公众参与途径，吸引更多类型的群体参与长城国家文化公园的建设和保护。

二、游客在长城国家文化公园场域内的体验式参与

长城国家文化公园是一个文化体验与休闲观光的综合体，尤其突出长城文化和依托长城衍生出的文化空间，对进入长城国家文化公园的人们来说是一种文化体验之旅，让人们不仅感受到长城带来的视觉震撼、情感震撼和精神震撼，也可以感受和体验游牧文明、农耕文明与长城文化的交融，这是长城国家文化公园文化价值更大化的实现。"在一定意义上，'濡化'过程实际是文化对个体潜移默化的熏陶过程，尽管人们不能总是清晰地意识到这一过程，但文化在塑造人们行为的过程中所扮演的角色，却是现实存在的。"① 因此，创造一种让来访者身临其境的大环境，以情境性教育课程的形式，集情、景、意、理于一体，发挥长城文化的教育价值。美国教育学家大卫·库伯提出体验式教育理念，认为一个具体的体验循环过程是：具体的体验—对体验的反思—形成抽象的概念—行动实验—具体的体验，如此循环往复，以致无穷。② 受教育者自动地完成反馈与调整，在体验中认知，在认知中体验。游客作为长城国家文化公园的游览者和体验者，让其认识到长城的保护意义以及如何实现保护是长城国家文化公园建设和保护的重要一环。游客通过体验式参与，实现认知、态度和行为的改变，对参与长城保护和长城文化宣传具有

---

① 万明钢.文化视野中的人类行为 [M].兰州：甘肃文化出版社，1996：77.

② [美] 库伯.体验学习：让体验作为学习与发展的源泉 [M].王灿明，朱水萍，等，译，上海：华东师范大学出版社，2008：35.

重要的意义。第一，建立完善长城国家文化公园内的公共文化服务设施，提升文化体验感。调研资料表明，游客认为长城国家文化公园的建设应该改造长城周边区域的道路交通（60%）、环境卫生（53.9%）、垃圾处理（53.3%）、活动场所（50.3%）、停车场（46.1%）、文化娱乐设施（43.6%）、公共厕所（43%）等内容（见表8-2）。由此可见，长城国家文化公园的建设，必须要建设配套的公共服务设施，包括道路交通、长城步道、休憩座椅、公共厕所、餐厅服务等，尤为重要的是避免不同段落空间的同质化建设，要依据区域内长城的突出特点设计有辨识度的配套设施和景观；设计长城灯光秀，以夜晚天空为幕，用数字化技术再现长城建造时的场景以及相关历史故事和事件，让游客有身临其境的感受；完善长城国家文化公园标识的指示牌，包括指示性路牌和重点段位、点位相关内容的介绍；完善长城国家文化公园内的线上线下导览系统，通过数字技术完成线上导览地图；进行重点点位长城文化资源的数字性转换，设计多种类型的活动形式，如有奖问答、小游戏、游客留言等，将长城基本知识、建造工艺技术、相关历史事件、长城故事等内容，通过 App 或者扫码等形式获得，呈现形式可以是文字、动感漫画、游戏或者戏剧等，游客通过手机端就可以获得长城相关的文化资源。第二，借鉴美国芝加哥学派关于场景理论的研究，创建具有文化价值取向的场景，吸引不同的群体进行文化实践。① 场景理论认为以街区、设施等为代表的实体空间，通过承载文化、消费活动而被赋予了文化意义，具有一定的精神文化价值观。场景理论将具有消费倾向的文化实践视为推动社区发展的动力，把具有文化价值观的文化符号视为组成场景的基础，将文化价值观视为组建场景的依据。② 长城国家文化公园的建设要在不同的场域，站在旅游消费者的视角开辟长城国家文化公园沉浸式体验空间，通过场景布置和活动参与实现长城的保护和文化的传播。场景要素有五个：社区环境（邻里）；街区、公共设施组成的物质场所；多样性的居民；环境、设施、居民等要素的组合，社区或城市的活动；场景所蕴含的价值取向。③ 长城国家文化公园不同区域内的场景要

① 吴军，特里·N. 克拉克. 场景理论与城市公共政策——芝加哥学派城市研究最新动态 [J]. 社会科学战线，2014（01）：205-212.

② 庞春雨，李鼎淳. 场景理论视角下社区老年文化建设探索 [J]. 学术交流，2017（10）：168-177.

③ Silver D，Clark T N，Yanez C J N. Scenes：Social Context in an Age of Contingency [J]. Social Forces，2010，88（5）：2293-2324.

素，如长城及周边的村庄空间布局特点、公共空间和设施等物理场所、村民社会关系特点、村民的阶层分化、村民的活动等，将长城文化符号作为整个场景布置的基础，为吸引游客、提升长城国家文化公园建设效能提供理论参考。另外，也可以在乡镇或者村庄层面建设类似于长城博物馆的系列展示空间，通过对这些公共文化空间进行升级改造，形成长城展示陈列馆、长城乡村记忆馆、长城研学基地等系列，为游客打造长城文化相关的沉浸式体验场景。

表 8-2　游客认为长城周边区域需要改造的部分

		频率及占比	
		个案数	百分比（%）
改造部分	道路交通	99	60
	水利设施	49	29.7
	电力设施	53	32.1
	活动场所	83	50.3
	停车场	76	46.1
	网络设备	55	33.3
	文化娱乐设施	72	43.6
	垃圾处理	88	53.3
	商业设施	39	23.6
	公共厕所	71	43
	环境卫生	89	53.9
	民宿户发展	46	27.9
	规划设计	54	32.7
	标识（指示牌）	40	24.2
	休息座椅	48	29.1
	观景台	45	27.3
	其他（请注明）	0	0
有效填写人数		165	

第三节　社会资本参与长城国家文化公园
建设和保护的路径

一、政府层面对社会资本参与的制度性支持

社会资本参与长城国家文化公园建设和保护较为常见的方式有以下两类。一是进入长城沿线的乡村，通过投资村庄内经营项目的形式实现。较为普遍的投资项目有精品民宿、餐饮等。二是投标经营长城开放景区的文化旅游企业，通过风景名胜区管理、开发旅游项目、旅游资源开发等内容参与长城国家文化公园的建设。如北京的慕田峪长城、司马台长城、八达岭长城等旅游景区的经营企业。投标开放长城景区的企业因为在经营方面具有更多的专业能力、经济实力和人力资本，投资经营效果较好。在村庄调研时，已经开放景区的村庄和即将开放景区的村庄都明确表示，还是需要有能力的旅游经营企业投标，村庄可以作为参与者与企业一起进行长城景区的建设和保护。从社会资本进入社区的过程来看，社会资本是否能顺利进入村庄和竞标开放景区的经营项目均需要政府的制度性支持。据调研资料，地方政府会积极引进和支持社会资本的投资项目，包括向意向村庄引荐、对重点村庄基础配套设施的资金支持等。如石峡村石光精品民宿进驻村庄，即由区政府推荐并参与社会资本与社区基层组织前期的沟通，协调双方的关系。在运营过程中，外来资本如果没有政府层面的支持，要进入一个完全陌生的村庄，基本上是难以实现的。尤其长城作为国家重点保护文物，以盈利为目标的经营企业必须严守保护限制，政府对进入的社会资本需要进行严格的评估和筛选，并建立准入机制。

二、长城国家文化公园建设过程中社会资本的社区嵌入

作为村庄外来者，社会资本如何实现从村民眼中资源利益的竞争者到与村民和村庄一起共同促进村庄的发展，需要实现从村庄的"他者"向村庄

"共生者"身份认同的改变。石峡村、慕田峪村和北沟村外来资本融入社区的过程，为未来社会资本进入村庄提供了不一样的范例。

第一，通过进入村民的日常生活空间构建情感关系的社会支持纽带。首先，构建"荣誉村民"身份，实现身份认同。社会资本作为外来经营者，很容易被村民区分为他者，容易引起当地村民的排斥，构建"荣誉村民"的身份，既是一种实现融入的策略，也是作为社区成员的一种责任。由村庄外来者变成村里的一名成员，构建村庄的社会支持网络，也是社会资本真正融入村庄的重要方式。其次，通过利润的再分配建立村庄福利体系，进入村庄的公共服务领域。通过发放福利和举行慈善公益活动构建村庄内情感关系的连接。作为外来者，社会资本与村庄建立情感连接采取两种方式：一方面，在中国传统节日，给村民发放米面粮油等产品；另一方面，给村子里65岁以上的老年人发放营养早餐。最后，与村庄经济发展相结合建立村庄发展利益共同体。一方面，通过吸纳村民就业的方式，构建经济发展的互嵌形式。社会资本进入乡村，村庄为其提供劳动力，既为企业降低了劳动力成本，也解决了村民的就业问题，同时农户家庭的收入也会提高；另一方面，参与就业的劳动者作为村庄中的一员，以企业为工作场域，建立起企业与村庄农户家庭的联结关系，构建起村庄内的人际关系网络。

第二，通过参与村庄公共空间的建设和发展嵌入村庄基层组织系统。一是通过自身影响力聚集外部资源助力村庄基础设施建设。社会资本在村庄经营过程中建立的品牌效应和社会影响力，会引起当地政府和其他外部资源的重视。为更好地树立典型和增加对外影响力，制度和政策上对社会资本会有一定的倾斜。为建立更好的经营环境，政府会投入一定的经费支持村庄基础设施的建设。如前述研究可知，社会资本在投资经营的过程中，会有很多创新的项目，不仅提升高端民宿在当地的知名度，也使村庄成为社交媒体上的网红打卡地，美丽乡村建设中，政府也会投入更多资金协助村庄对生态文化环境进行改善。二是企业拿出部分资金投入村庄生态环境、文化空间构建和基础设施建设。社会资本投资经营民宿，不可能脱离村庄的空间环境而独立存在。经营场地作为村庄场域内重要的组成部分，对村庄整体的环境有着较高的要求。基于品质提升和提高竞争力的需要，企业会拿出部分资金改善周边的环境，如村庄道路、公共空间、停车场地、景观以及整体环境绿化等。另外，基于游客体验乡村特色文化活动的需要，社会资本也会参与村庄其他文化活动场域的设计和建造，如村史博物馆、图书馆、公共文化广场、健身器材、老年活动驿站和其他景点的建设。

第三，通过挖掘和利用地方特色推动乡村文化的再生产。村庄文化是长城国家文化公园的重要组成部分，可以通过社会资本的力量进行相关文化的再生产，实现多元价值的整合。村庄文化是一代代村民在共同的生产、生活过程中形成的生活方式，具有地方属性和民族特征。但随着城乡建设的发展、流动性的增加，村庄的传统农业文明和城市工业文明出现交织和碰撞，如何保持特色文化并且令其不断焕发新的生机和活力，需要进行村庄文化的再生产。法国社会学家布迪厄曾提出，文化通过"再生产"获取其自身不断延续的动力因子，在延续与传承的过程中，根植于人的超越性与创造性的文化将以自我更新、自我突破的形式向前发展。① 研究资料显示，能够落地生根并发展较好的外来资本，一个共同点是对村庄特色文化的挖掘和打造。如普通民房和院落的在地性文化和现代艺术相结合的设计、增加特色景观、公共空间融入长城文化的建设、现代民宿和地方特点的结合，通过特色文化的嵌入实现空间资源的再生产；挖掘属地长城相关文化故事，结合村庄民俗活动进行真人秀展演，如打造李闯王闯关的故事，由当地农民扮演其中的角色，在重要节日或者旅游旺季作为品牌节目进行演出，再现历史场景，享受文化盛宴；也会将当地的农产品进行再加工，开发具有地方特色的饮食文化，既提高了企业的文化竞争力，同时也带动了村庄的经济发展。

第四，通过和村庄建立产业发展联盟，形成经济发展共生模式。一是社会资本和村庄其他经营者合作建立行业联盟，打造不同特色的经营模式，实现优势互补。农作物和经济作物是村庄的主要资源，是游客喜欢的"原生食物"，可以通过采摘和摊位售卖的形式，让村庄内没有民宿经营条件的家庭获得收入，游客也可获得不一样的满足感。二是社会资本与村庄产业结合。村庄的土地、经营作物和特色文化，都是村庄的资源，如果能够和社会资本形成关联关系，共同发展经济，是村庄实现产业振兴的重要路径。村庄通过建立农作物加工作坊，形成农户经济合作社，收购农户的农产品并集中加工，供应企业经营和对外销售，既形成当地的餐饮特色也形成村庄的经营品牌。企业通过自己的影响力和网络销售能力，联合村庄，将企业特色产品和村庄

---

① 皮埃尔·布迪厄. 艺术的法则 [M]. 刘晖，译. 北京：中央编译出版社，2001：179.

农产品加工包装后进行线上线下相结合的销售模式，彼此借力，形成企业和村庄发展的经济共生模式。

第四节　社会组织参与长城国家文化公园建设和保护的路径

一、社会组织的孵化是其参与长城国家文化公园建设的前提

社会组织参与长城国家文化公园的建设，会由于参与团队的数量和组织化程度不同而具有明显差异，因此，社会组织孵化的数量和组织能力建设成为其有效参与长城国家文化公园建设的前提。参与长城保护的社会组织属于文物保护组织，既可以是属地区域的群众性业余组织，以区域内长城为保护对象的团队，如石峡村长城保护志愿服务团队，也有以全部长城为保护对象的专门性组织，如长城小站、国际长城之友和"长城文化公社"等。培育和发展社会组织，使其规范、有序地参与到长城国家文化公园的建设中，是增加社会力量参与、提升参与有效性的重要内容。调研显示，关于文物保护类的社会组织比较少，一方面是因为文保类社会组织承担更大的社会责任，也需要具有一定的专业知识和能力。尤其是随着保护要求的提升，不仅仅是捡拾垃圾等生态环境的保护，也不仅仅是防止对长城本体的刻画等的宣传活动，更需要掌握长城相关知识、文物保护法规等。另一方面是因为这类组织构建的严格性。能够对接文物保护类社会组织的官方机构较少，且其承担的责任和管理风险更大，所以在社会组织注册过程中，不容易找到直接对接的上级单位。长城国家文化公园的建设和保护，为社会组织参与长城保护带来机遇，因此，可以通过专门性的社会组织孵化培育平台，有针对性地进行此类社会组织的培育。社会组织萌芽初期，独立性较弱、专业性不足，场地、资金支持和信息等方面需要给予较多的支持，可以以政府或相关机构主导模式为主，聘请专业社会组织孵化机构，通过需求分析、成立社团、建章立制、引向公益等培育过程，并在其正式登记注册时给予支持，完善社会组织内部运行结构和合法性身份等方面的问题。通过政社合作模式，将政府的资源优势和社

会组织的专业性相结合，实现优势互补，更好地解决社会组织参与力量不足的问题。

二、构建长城国家文化公园建设保护的组织协同模式

长城国家文化公园建设的全方位、多层次、立体化的内涵与目标，要求科学整合制度资源、物质与信息资源及社会网络资本资源，构建政府、市场、社会组织等公共服务主体之间的协同供给机制。跨部门（或不同组织的）协同合作，是组织应对复杂问题的解决方案，[①] 是指两个或两个以上的部门自愿地通过信息、资源、活动、能力、风险和决策制定等方面的共享、共担、共谋，实现部门间联动的共同努力和相互合作，跨部门协同的目的是推动多个部门共同生产公共服务、公共产品，以完成单一部门独自行动很难或不可能完成的公共事务。[②] 跨部门协同作为一种以协作和整合为特征的公共事务治理模式，蕴含着建构整体性治理网络的思路，不仅涉及政府内部各部门及其功能的整合，还涉及政府部门、经济部门和第三部门之间的相互协作。[③] 参与长城国家文化公园建设和保护的组织，具有跨部门协同的特征，虽然有着不同的工作内容和目标，但共同完成长城国家文化公园的建设和保护，包括对长城本体的保护、长城文化挖掘和价值阐释、长城生态环境的保护、长城文化的宣传和传承以及参与长城附近乡镇的建设和发展等，是跨专业、跨部门的合作。Trujillo 通过对哥伦比亚跨部门联盟行动的案例分析，指出跨部门协同的关键在于建立中介信任、搭建信息桥梁，为资源互动和部门间矛盾提供沟通渠道和缓冲带。[④] 因此，可以采用"1+15+N"的形式，1 是全国长城联盟社会组织，15 是沿线的省市，N 是不同类型的社会组织，共同构建一个综合性的长城国家文化公园社会组织体系，将参与的各类社会组织整合起来，不仅从横向上将不同类型的社会组织联合起来，也将长城国家文化公园不同段

---

① Bode C, Rogan M, Singh J. Sustainable Cross-Sector Collaboration: Building a Global Platform for Social Impact [J]. Academy of Management Discoveries, 2019, 5 (4): 396-414.

② 埃里克·波伊尔，约翰·弗雷尔，詹姆斯·埃德温·凯. 跨部门合作治理：跨部门合作中必备的四种关键领导技能 [M]. 甄杰，译. 北京：化学工业出版社，2018：12.

③ 崔晶. 区域地方政府跨界公共事务整体性治理模式研究：以京津冀都市圈为例 [J]. 政治学研究，2012（02）：91-97.

④ Diana Trujillo. Multiparty Alliances and Systemic Change: The Role of Beneficiaries and Their Capacity for Collective Action [J]. Journal of Business Ethics, 2018, 150 (2): 425-449.

落的社会组织纵向联合起来，搭建互动交流的工作平台，共同参与完成不同主题的项目，以协同合作的模式拓展社会组织参与长城国家文化公园建设和保护的多维空间。

三、社会组织参与长城国家文化公园建设和保护的规范化建设

规范化建设是组织有序参与、有效实现其功能性的前提和基础。目前，参与长城相关活动的组织还表现出相对"业余"的、碎片化的和随意性的参与状态，缺少系统性、目标导向性以及相应的专业性。为保证社会组织能够规范地参与长城国家文化公园的建设，需要思考以下几个方面的内容。首先，资金来源多元化。目前，社会组织参与的资金来源渠道较少，一部分来自组织内部成员的个人捐献，另一部分来自基金会的合作支持，如长城小站的部分项目获得了中国文物保护基金会和腾讯公益慈善基金会的资助。但是，还有很多地方性的团队未能获得一定的资金支持，致使参与的内容和形式都相对简单，因此需要继续拓宽资金渠道，保证社会组织参与过程的资金支持。其次，提升社会组织的人力资本。参与长城国家文化公园的建设，不同于其他公益项目的志愿服务，需要对长城文物有一定的专业认知，对长城文化、长城价值和长城精神有相应的了解。目前参与长城保护的社会组织，如长城小站、国际长城之友等，都是由一些热爱长城的成员自愿加入，每个成员的专业和能力各不相同。只有部分成员专业能力较强，长城保护中大多数成员都是因为"兴趣"和"热爱"，利用节假日参与长城保护活动，呈现出相对"业余"的特征，如长城专业网站和公众号上不同模块的维护、文章撰写、资料筛选以及长城相关知识宣讲活动等，经常出现人手不足的情况，降低了社会组织的参与效果和影响力。需要通过宣传、动员以及邀请，吸引更多有专业背景的人员参与，同时加强对社会组织的教育培训等。最后，完善对社会组织的监督，社会组织参与的项目中，对于有资金支持的项目需要对资金使用进行管理监督、效果评估等。可以通过财务公开接受群众的监督，让社会组织参与长城国家文化公园的建设符合规定，并达到应有的效果。

第五节　专业力量参与长城国家文化公园
建设和保护的路径

一、对地方性专业力量的参与给予制度支持

在长城跨越的 15 个省、多个乡镇空间范围内，不同的地形地貌和社会文化特征使地方性工匠成为参与长城修缮不可或缺的力量，本土力量的参与可以弥补专业力量的不足，摆脱和地方性文化脱离等方面的困境。尤其当区域性文化特征整合到长城国家文化公园的建设中，对地方性特色的要求更加凸显。目前的调研显示，本土工匠的分散性和缺少文保施工资质，使其很少有机会参与长城修缮的专业工作，这方面的人才也在慢慢流失，急需国家相关部门从政策和制度层面给予关注。一般来说，政策和制度具有方向性指导和规范作用，是各级政府行动的指南。长城国家文化公园建设过程中，可以由地方政府层面引导组建专业力量团队，并协助其发展成稳定的地方性长城保护和修缮专业团队，负责本区域内长城保护的相关工作。工作内容不仅仅是长城的抢险修复，更为重要的是建立日常维护和修缮的工作制度。以当地的专业团队为主，及时发现问题并及时解决，使长城维护和修缮成为常态化。具体建设路径包括以下两部分。一是对本土工匠进行人数统计和专业能力评估，建立各地区工匠人才库。以各省为单位，调研长城沿线乡镇的工匠人数、队伍形式，同时招募乡镇的年轻人组建地方性专业修缮和保护团队，储备长城维护和修缮的地方性专业力量。二是采取多种形式进行专业能力培训。一方面可以聘请长城保护相关行业内的专家学者和有经验的古建修缮专业团队，向本土工匠讲授专业知识。另一方面通过相互交流学习也会提升本土工匠的专业能力。

二、多元专业力量协同构建参与体系

前述研究可见，长城保护需要多学科专业团队的共同合作。如北京箭扣

长城段的修缮项目中，专业考古团队首次在长城敌台顶部的铺房内发现明代火炕和灶址等生活设施遗迹，为复原明代戍边将士的日常生活提供依据。考古过程中还发现描绘着虎头、花卉等精巧纹饰的筒瓦、板瓦、瓦当等建筑构件，箭头等武器。盘、碗、剪刀、铲子等生活用品。① 这些考古发现的文物，为学术研究提供了丰富的历史信息。北京大庄科段长城的研究性修缮项目中，长城文化研究院作为此次项目的组织机构，整合了遗产保护、园林景观、结构材料、水文地质、测绘数据等专业人员，进行多学科参与，以系统的视角勘测现场、共同诊断长城保护面临的问题，取得不错的效果，也对长城其他段落的修缮提供示范。目前，数字化技术已经普遍应用于长城保护的相关项目中，以更加准确、更加高效、更加安全的方式勘察、检测和预警。长城国家文化公园的建设，可以由全国主管单位发起并建立联合机构，统一管理各省市的专业团队，定期进行会诊、研讨和交流。具体到地方，可以以属地为单位搭建团队建设平台，由高校和研究所牵头，围绕长城国家文化公园整体建设思路，整合各学科和专业施工团队，对属地内长城以及其他文化建筑遗址进行研究修缮，也对周边的村庄文化空间进行建设，共同构建长城国家文化公园建设的专业力量体系。

第六节　媒体力量参与长城国家文化公园建设和保护的路径

一、主流媒体开设多元板块进行参与

长城国家文化公园建设可以在主流媒体上设置相应的专栏或板块，以线上和线下相结合的形式，既有长城研究修缮项目的直播报道，也有长城研究专家进行长城知识讲解等方面的宣传报道，充分发挥主流媒体的宣传影响力，在传播长城知识的同时，讲好长城以及长城守护人的故事，向更多的人普及正确的长城保护知识，提高人们对保护文化遗产重要性的认识，激发不同领

---

① 李祺瑶，武亦彬. 箭扣长城考古有新发现！多角度直击［N］. 北京日报，2022-08-17.

域热爱长城的公众参与长城国家文化公园的建设和保护。

二、对自媒体的正确引导和监管

自媒体在文化传播和创新方面具有得天独厚的优势，因其喜闻乐见、生动有趣以及更贴近百姓生活等特点，具有更广泛的接受度和传播度。但由于自媒体的内容不固定，既没有统一的标准，也缺乏相应的管理规范，对自媒体直接监管的法律法规和条例制度也不够完善，使自媒体存在监管困难和传递信息失真的情况。需要有效利用自媒体资源，防止其过度追求流量而产生的信息传递失真以及不良的社会示范。长城作为国家层面的核心文化资源，不仅是文物古迹，也是中国对外交流和沟通的民族文化"金名片"，需要国家层面构建自媒体参与的内容标准，既要鼓励多样性参与，又要制定一定的标准规则，确保长城文化相关信息的准确性和科学性。

第九章
长城国家文化公园建设和保护中社会力量的参与机制

参与机制能否高效运转的关键是要建立完备的运行保障体系。要考虑长城国家文化公园建设不同阶段、不同内容的特点，结合不同的社会力量类型，有梯度地实现有效参与。如一般公众仅需要信息的知情权和参与权；长城国家文化公园建设的核心力量和重要参与力量，需要实现深度参与，包括长城抢险保护、研究性保护和预防性保护相结合等。

第一节　社会力量参与长城国家文化公园建设和保护的制度机制

长城国家文化公园多元力量参与的实现需要专项法律法规的保障，从立法的层面明确公众参与的必要性、合理性甚至强制性，才能实现普遍参与和有效参与。长城国家文化公园的建设和保护工作需要遵循规范的管理制度，这些制度可以包括对参与者的资格要求、参与范围、考核标准等，还可以通过建立监督机制来确保参与内容的有效开展。建立规范的管理制度可以避免参与中出现不必要的纷争和矛盾，保证工作的顺利进行。在管理制度方面，还可以采取公开透明的方式，让参与者和公众都能够了解和监督工作的开展情况。制度设置对社会力量参与长城国家文化公园的建设和实施具有规范、协调、整合性和激励等方面的作用。一些国家在立法中明确规定鼓励公众参与国家公园保护与管理，提出国家公园管理局应充分发挥组织协调作用，为各方提供沟通平台，通过圆桌会议和焦点小组进行研究，在充分了解各主体需求的基础上，根据国家公园事务的性质，确定重要参与者，判断公众参与程度。① 2013 年我国首次提出建设国家公园的概念，2017 年和 2019 年中共中央办公厅、国务院办公厅印发《建立国家公园体制总体方案》与《关于建立以国家公园为主体的自然保护地体系的指导意见》，均明确提出建立健全政府、企业、社会组织和公众参与国家公园保护管理的长效机制。因此，完善公众参与的法律制度已成为国家公园制度建设的重要内容之一。②《中华人民共和国文物保护法》几经修订后，提出要引导社会参与保护，增加依法享用文物保护成果的权利，明确鼓励支持社会力量参与文物保护利用。2006 年施行的《长城保护条例》是我国文化遗产领域第一部专项行政法规，鼓励公民、法人和其他组织参与长城保护。长城是中国的文化遗产，也是世界文化遗产。为了更好地保护长城，需要建立起社会力量参与长城建设保护的制度机制。2019 年 12 月《长城、大运河、长征国家文化公园建设方案》出台，长城作为跨省市、跨部门的大型历史文化遗产，必须创新管理体制机制，构建协同管理机制。河北省作为长城国家文化公园的试点省份，已于 2021 年 6 月 1 日起正式实施《河北省长城保护条例》，长城国家文化公园首次入法。③

1. 制度保障社会力量参与的资金支持

长城国家文化公园作为一项公共文化服务内容，需要一定的资金支持公共文化服务设施网络，公共文化产品、服务和公益性文化活动，公共文化服务建设和运行支撑体系三大保障内容。社会力量参与长城国家文化公园的建设保护和实施需要一定的资金保障，需要从制度层面为长城国家文化公园建设提供更多和较为稳定的经费支持。不同层级的政府部门可以从制度层面设立专项基金，用于不同类型社会力量的参与。如长城保护的志愿者队伍建设、游客参与的数字化平台建设，利用专项资金以项目招标的形式，引导专业团队、社会组织等力量参与到长城国家文化公园的建设保护和实施中。

2. 制度保障社会力量参与的权利和渠道

社会力量参与长城国家文化公园建设需要有政府的制度支持。长城作为世界文化遗产的特殊性，对社会力量的参与需要进行筛选和评估，并通过制

① 秦子薇，熊文琪，张玉钧. 英国国家公园公众参与机制建设经验及启示 [J]. 世界林业研究，2020，33（02）：95-100.

② 梁艳. 国家公园公众参与法律制度研究 [D]. 兰州理工大学，2022.

③ 徐缘，侯丽艳. 长城国家文化公园管理体制探究 [J]. 河北地质大学学报，2021，44（04）：127-131.

度制定保障他们参与的权利和建设路径。《长城保护条例》（2006）中关于社会参与的规定是：一是国家鼓励公民、法人和其他组织通过捐赠等方式设立长城基金；二是被确定为保护机构的利用单位应当对其所负责保护的长城段落进行日常维护和监测，并建立日志；三是可以聘请长城保护员对长城进行巡查、看护；四是任何单位或个人发现长城遭受损坏，均可向保护机构或所在地县级政府文物主管部门报告。长城国家文化公园的建设，同样需要政府进行相关方面的制度设置，保障多元社会力量参与到国家属性的文化公园的建设中。政府也可以进行组织制度建设，鼓励与社会力量合作，共同开展长城保护相关项目，如开展长城资源的评估整理、数字化建设、长城文化宣传、修缮长城遗址等活动。社会力量可以在制度的支持下，采取开展各项公益活动、宣传教育等形式，引导更多公众积极参与到长城国家文化公园建设保护中。

3. 制度保障加强各级各类项目执行的社会监督

政府和社会力量可以联合开展长城保护的监督工作，借助多元力量监督长城保护工作的进展，保证长城保护工作的顺利进行。公众也可以通过举报、投诉等方式，参与到长城保护的监督中。此外，政府和社会组织还可以通过举办长城保护主题活动、开展媒体宣传等方式，提高公众对长城保护的认识和关注度。为更好地保护长城，我们需要建立一个全面的长城保护体系，包括基础设施和管理系统。为此，政府需要投入更多的资源，建立完善的制度保障体系，包括长城保护的标准、计划和措施，以及监督、评估和反馈机制。同时，我们需要注重长城保护的可持续性，通过制度设置保障开展科学研究和教育宣传，引导公众了解长城保护的重要性，积极参与到长城保护中。我们还需要从制度建设层面加强国际合作，借鉴和吸收国际先进经验，共同推进长城保护事业。综上所述，社会力量参与长城建设保护的制度机制需要政府、社会力量和公众的共同努力，以实现长城保护工作的可持续发展。政府需要加强投入和管理，社会组织需要发挥作用，公众需要积极参与和监督。只有通过多方合作，才能实现长城国家文化公园建设保护实施工作的长期稳定和顺利进行。

第二节 社会力量参与长城国家文化公园建设和保护的组织机制

组织机制是将社会力量参与长城国家文化公园建设的内容和形式进行设置的功能体系。谁来参与？参与什么以及怎样参与？需要从参与组织上进行划分和确定。构建多元社会力量参与的组织机制，一方面能够将松散、分散以及碎片化的力量组织起来，形成参与的强大力量；另一方面可以形成规范化的组织程序，将参与的社会力量整合到长城国家文化公园建设的总体目标方向，发挥社会力量各自的优势，形成合力，实现长城文化遗产的保护和利用。中共中央办公厅、国务院办公厅印发的《长城、大运河、长征国家文化公园建设方案》提出要构建"权责明确、运营高效、监督规范的管理模式"，"完善国家文化公园建设管理体制机制，构建中央统筹、省负总责、分级管理、分段负责的工作格局，强化顶层设计、跨区域统筹协调，在政策、资金等方面为地方创造条件"。从长城国家文化公园建设现状来看，实施垂直组织管理体制有其合理性。首先，建设长城国家文化公园是一项国家工程，必须由国家统筹领导，统一规划。一方面此种组织管理体制模式解决了我国长城跨区域、跨部门的难题，有助于明确国家在政策制定和战略规划中的指导地位，有利于我国长城国家文化公园公益性、文化性和科学性目标的实现。另一方面中央统筹能够保证公园建设资金的稳定来源，避免过度依赖地方政府。长城跨度的多个省域，经济差异较大。仅仅依靠地方政府的财政支出势必造成长城国家文化公园建设的不平衡性。而在链接社会资源方面，也会产生地域差异。长城国家文化公园虽然依据省域和特点的不同，划分为不同的段落和功能区域，但从整体视域，仍然是一个以长城为主题的国家公园。作为公共文化服务产品，由党中央集中统一领导，统筹协调具体工作安排和资源配置，组织管理工作的效率会大大提高，有助于社会力量参与效能的提升。其次，各省（市）成立专门机构统一对长城国家文化公园的管理事项行使管理权，可以有效避免实践中政出多门、条块管理分割现象。《长城保护条例》规定，长城所在地省、自治区、直辖市人民政府应当为本行政区域内的长城段落确定保护机构；长城段落有利用单位的，该利用单位可以确定为保护机构。长城国家文化公园是整合 15 个省区市的长城文物和突出文化资源，具有特定开放空间的公共文化载体，需要形成特定的管理部门整合地方性的关联机构从而促进多元社会力量的有序参与。最后，通过不同层级的组织设置构建社会力量的有序参与。可以从不同区域、街道、社区、学校、单位等不同层面，组建长城国家文化公园建设保护实施的志愿服务团队，构建不同层级的志愿服务组织，通过宣传、招募等方式，组织更多的公众参与。调研显示，无论是村民还是游客，他们作为公众的成员，在参与长城国家文化公园的路径选择上大多希望有人组织。游客调研显示，44.2% 的游客选择有人组织参与志愿服务团队的活动，38.2% 的游客希望通过学校、单位或社会团体组织参与。由此可见，人们还是比较习惯有组织地参与活动。

第三节　社会力量参与长城国家文化公园建设和保护的教育机制

长城是中华民族的重要文化遗产，也是世界文化遗产，其保护工作是全社会的共同责任。为了保护长城，需要采取多种措施，其中教育机制是非常重要的一种。教育机制在长城国家文化公园建设中的作用主要包括以下两个方面。一方面，需要通过教育向公众普及长城的基本知识和历史文化价值，增强公众保护长城的意识和责任感。同时，也向公众展示历史文化与自然生态之间和谐共生的画面，增强公众对生态文明建设的参与。另一方面，需要通过教育培养专业的长城文物保护人才，提高长城的保护水平。长城保护员作为专门保护长城的职业人员不仅需要有系统的专业培训，也需要在学校进行专业知识的培训，目的是构建长城保护的可持续专业团队。

建立社会力量参与保护长城的教育机制，可以通过以下几个方面来实现。

1. 加大长城保护教育的社会层面宣传力度

要吸引更多的社会力量参与到长城国家文化公园的建设和保护中，需要建立有效的宣传渠道。一是通过进社区的方式进行长城国家文化建设的教育宣传。在长城附近的社区，通过举行与长城有关的社区文化活动，如知识竞赛、展览、长城文化创作、邀请长城领域的专家学者开办长城知识讲堂，实现长城文化保护和传承的教育和宣传。二是通过各种方式向社会公众宣传长城文化的重要性和价值，引导更多的人关注和参与长城国家文化公园的建设和保护。通过各种媒介，如网络平台、社交媒体、电视媒体、报刊等，向公众传递长城的历史和文化价值，让更多的人了解长城的重要性和保护的需要，加强公众保护长城的意识和责任感。三是通过艺术创造进行长城文化的再生产和宣传。艺术具有认识、启迪、娱乐、享乐、补偿、净化、劝导、评价、预测等功能。通过长城摄影、长城剪纸、长城绘画、长城非遗表演、长城文创产品开发等艺术表现形式，让公众在审美的愉悦和享受过程中，实现对长城保护的认识和教育。

2. 学校教育中嵌入长城保护和文化传承的相关内容

学校是个体社会化的正式场所，学校教育是培养下一代公民的重要途径，需要通过加强长城保护教育，提高学生的文物保护意识和社会责任感。通过在学校开展文化遗产类保护等相关方面的通识课程，或者以举行讲座的方式，由教师或相关领域的专家，为学生讲授长城保护的相关知识。也可以组织学生在校内开展长城诗歌创作、长城精神传承演讲等活动，或者组织学生参与长城保护的社会实践和志愿者活动。

3. 开展各类研学项目实现长城文化的保护和传承

通过与旅游企业、社会组织、社区等协同合作，开展各种形式的研学活动是实现多元力量参与长城国家文化公园建设的有效路径。如北京市密云区古北口镇依托长城资源设计了多条研学线路，开展党建团体、企事业单位、大学生的思政课、中小学的大课堂等研学项目；一些旅行社、机构等也陆续参与到长城古镇研学之旅。通过这些研学项目，增加了游客的数量，为村庄发展带来了机遇，也吸引更多的社会力量参与长城国家文化公园的建设和保护。

4. 开展提升长城保护员以及志愿者能力的培训活动

长城保护员作为一线巡查工作人员，每周都会有几天到辖区内长城段巡视，排查长城墙体、关门、烽火台等建筑遗迹的材料和结构等情况，也要捡拾垃圾和劝阻游客攀爬未开放地段，尤其是在遇到自然灾害天气时，更需要及时巡查排除险情，他们对长城保护起着至关重要的作用。长城保护员大多来自区域内村庄，需要有计划地对长城保护员进行安全培训和长城相关专业知识的培训。志愿者是长城国家文化公园建设中的重要公益服务力量。志愿服务是非职业化的公益活动，不同类型的志愿者团队需要有不同的参与能力。可以通过邀请社会组织和相关领域的专家，采取线上和线下相结合的培训方式，提高志愿者参与长城国家文化公园建设的能力。

5. 建立长城保护专业人才的培养计划

通过建立多学科成员组成的专业团队，如长城修缮团队、文化遗产保护团队、考古团队等，采取多种形式对参与长城建设的相关人员进行知识普及和专业技术培训，以提高参与者的专业水平和能力。如 2023 年，由国家文物局指导、北京市文物局和北京建筑大学主办、腾讯公益基金会支持、北京长城文化研究院等承办的长城保护培训班，就是对来自 8 个不同省市的长城保护、设计、施工人员进行专业培训。课程讲授者均为长期进行长城保护工程工作的专家、学者以及多年在一线参与长城设计、施工、管理的技术人员。讲授内容不仅有理论层面，如长城国家文化公园的规划与实践、长城保护理念与技术进步、国际长城遗产保护的比较、长城保护工程技术方面的内容等，也会在已经实施研究性保护工程现场进行研讨式教学。

通过以上措施，建立社会力量参与保护长城的教育机制，可以有效提高长城的保护水平，让更多的人了解长城的历史和文化价值，增强长城保护的意识和责任感。同时，也需要注意长城保护工作的可持续性，确保长城国家文化公园能够得到长期的保护和发展。

第四节　社会力量参与长城国家文化公园建设和保护的合作机制

社会力量参与长城国家文化公园建设和保护需要以下几个方面的协同合作实践。

1. 跨部门之间的协同合作

协同理论指出，独立的各部门通过默契的协调与合作，能够加强部门间以及部门内部各要素结合的紧密程度，从而形成一种新的协同状态。协同程度越高，系统内各要素的结合程度越高，系统的整体性功能也越强。这种协同状态贯穿跨部门合作的研究，被视为跨部门合作的最高目标。① 长城国家文化公园建设由中共中央宣传部、国家发展改革委、文化和旅游部、国家文物局等多个职能部门合力推进，顶层设计部门之间的协同合作是社会力量参与的制度和组织保证。国家文化公园建设工作领导小组，发挥中共中央宣传部、国家发展改革委、文化和旅游部、国家文物局等多个部门职能优势，形成推进合力。文化和旅游部、国家发展改革委牵头推进长城国家文化公园建设，提出"保护传承+文化旅游利用"的基本思路，印发《长城国家文化公园建设实施方案》，正在围绕址、馆、园（区）、遗、道、品六个方面集中实施一批标志性工程项目。

2. 长城国家文化公园作为重大战略性文化工程，还需要实现不同省市不同乡镇的协同合作

长城西起嘉峪关，东至山海关，北起营盘口，南至山海关，总长度超过2.1万公里，沿途经过 15 个省，有的重点地段地处不同的省份，如司马台长城与金山岭长城是连在一起的，一个隶属北京，一个隶属河北。北京市约有五分之一的长城段位于京津冀辖区边界。这些归属于不同省份的点段，有时由于多种原因，会产生"边界"管理上的困境。另外，有长城两侧的村庄分属不同省份乡镇，由于长城保护的进程、长城点段的保护级别（国家级和省级重点文物保护单位）以及地方性保护要求的不同，会产生资源和利益分配的差别。长城国家文化公园作为一个整体的概念，既要考虑连续物理空间的整体规划和设计，也需要基于不同的历史特点、地方特色和百姓传统生活进行考量。2022 年，在国家文物局的指导下，北京市、天津市、河北省三地文物局共同签署《全面加强京津冀长城协同保护利用的联合协定》，京津冀区域合体打造长城国家文化公园新地标。

3. 不同类型的社会力量形成多元合力

设立专门组织和管理部门，建立社会力量组织整合制度，负责社区参与和志愿服务机制，形成政府主导、社会多方参与的文化保护和可持续发展新格局。长城国家文化公园管理部门可以与环保组织、文物遗产保护组织、学校等建立合作关系，实施志愿者服务计划，通过吸纳多领域具有专业知识的

---

① Begun J W. Interorganizational Coordination: Theory, Research, and Implementation," [J]. Administrative Science Quarterly, 1984, 29 (3): 470-472.

志愿者，在统一培训的基础上，负责长城国家文化公园的分段保护工作。另外，不同类型社会力量协同开展长城文化教育宣讲工作。由志愿服务者和旅游企业合作，通过组织学生长城研学、专业人员走进社区和学校等方式，进行长城国家文化公园的宣传教育活动。为弘扬长城文化，高校、社区和国际文物保护组织等协同，举办长城文化系列庆祝活动，如国际长城学术论坛、民间长城文化交流等；在长城沿线的城堡型村庄内可以分段设立小型"长城文化及村史博物馆"，聘用专职管理员通过讲解、宣传、展示等多样方式向公众开展长城文化教育，为公众提供精神层面的参与机制，提高公众的保护意识；健全生态管理和公益性岗位制度，聘请园区内合格的居民作为生态管理人员，负责长城国家文化公园日常的设施维护、清洁等工作。

4. 长城遗产保护和村庄发展协同形成相互促进相互融合的局面

长城国家文化公园的建设，是一个涉及国土空间规划和地区发展的系统工程，不仅通过完善长城文化综合展示传播系统，实现长城遗产的保护传承和长城文化的弘扬，也要依托长城国家文化公园的建设，改善长城沿线乡镇村庄的生态环境，提升居民的生活品质，实现地方性社会文化与经济的共同发展。长城国家文化公园的建设，不仅是将长城文化保护上升到国家的战略高度，也是将长城文化带沿线的乡村发展和振兴整合到国家文化公园的建设系统内。这些地理位置偏僻、发展较为缓慢的村庄成为特定的文化关联场域，在长城国家文化公园的建设和保护中，以长城文化结合农耕文明、历史文化遗产结合自然生态文明、传统文化与现代化建设交相辉映的方式，进行村庄特色文化的挖掘和打造，共同构建长城国家文化公园的叙事体系，提高村庄和村民对于长城国家文化公园的认同感和参与感，实现乡村振兴。

第五节　社会力量参与长城国家文化公园建设和保护的激励机制

长城面临着越来越多的保护问题：随着时间的推移，有着千年历史的物质实体会出现不可逆的自然老化现象；一些具有较大破坏威胁的自然灾害，如地震、山洪等，都会给长城带来损坏；另外，旅游业的发展和游客流量的增加，也会对长城保护带来诸多挑战。虽然政府在长城保护方面已经采取了很多措施，但是单靠政府和有限的社会力量参与难以全面地保护长城。因此，需要建立一套合理有效的激励机制，吸引更多的社会力量参与长城国家文化公园的建设和保护。众所周知，要提高人们的参与行为，必须激发人们内在的参与动机，因为动机是个体的内在过程，行为是这种内在过程的结果，动机是个体行为的前提和动力。动机产生的条件有两个，内在条件是需要，外在条件是诱因。可见，提升人们参与长城国家文化公园建设的动机可以从内在需要和外在条件等多个方面设计。从内在动机来看，提升参与者的收入等物质激励，到爱与归属、尊重和被尊重以及自我实现等精神层面的需要，都是个人层面的内在需要；从外在条件来看，长城国家文化公园建设和保护的相关部门或者其他组织者能够给予参与者必要的肯定和激励，正是基于参与者内部需要而创设的外部环境的激励机制。长城国家文化公园建设和保护的主要激励机制如下。

1. 建立长城国家文化公园建设的专项奖励资金

专项资金的来源是多元的。一是通过接受社会捐赠，用于长城保护工作。通过公益项目筹资的方式，向社会募集用于长城文物保护的资金，并由专项资金管理部门将筹集资金用于长城国家文化公园建设的相关公益项目。基于德国心理学家库尔特·勒温（KurtLewin）的"参与改变理论"，社会公众也会在参与捐赠的行动中增加保护长城的意识和责任感。二是政府可以对长城保护基金进行适当的补贴和支持，通过透明的使用和公示过程，增强社会对长城保护的信任和参与度。三是政府还可以与基金会合作，共同开展长城保护相关的活动和项目。这些合作可以提高基金会的公信力和知名度，同时也可以为长城保护提供更多的资源和支持。

2. 建立志愿者服务队伍的激励策略

长城的保护需要大量人力资本的支持，因此建立和完善志愿者服务队伍是很有必要的。一是建立长城志愿者平台。政府可以在全国范围内招募志愿者，通过实名认证和注册的方式扩大长城国家文化公园建设的志愿者队伍。二是建立属地志愿者服务队伍。可以在长城周边的城市、村镇进行招募，对志愿者队伍开展培训从而提升保护传承长城文化的能力，将分散的、有意愿参与的成员纳入志愿者团队，以便更好地调动区域性的社会力量。三是给予长城保护的志愿者一定的物质和精神激励。游客调研资料显示，被问及"能够吸引公众参与长城国家文化公园建设的激励条件有哪些"时，参与调研的165人中有118人（占调研总数的71.5%）选择记录志愿服务时长；117人（占调研总数的70.9%）选择发放荣誉表彰证书等精神激励；102人（占调研总数的61.8%）选择适当的资金补贴。因此，可以通过建立志愿服务银行的方式，根据志愿服务时长发放荣誉证书或者兑换需要的服务项目；对参与的志愿者提供长城国家文化公园志愿者服务证，以身份标识的形式进行激励；对于作出贡献的志愿者，可以通过积分制形式，分等级给予一定的物质奖励和荣誉，例如奖励长城文创产品、免费游览全国范围内不同点段的长城、发放长城保护荣誉证书、邀请志愿者参加长城保护座谈会和其他活动项目，这些奖励和荣誉可以激励更多的人参与长城保护。

3. 鼓励企业和社会团体参与长城国家文化公园的建设

长城国家文化公园的建设是一个系统工程，需要大量的人力资源、物质资源和专业力量。调研显示，在开放的长城景区，只靠当地村庄运营面临管理和经营的困境，急需专业的力量，因此，企业和社会团体参与长城保护也是很有必要的。一是政府可以给予企业和社会团体一定的税收减免或者其他优惠政策，通过创造良好的经营环境吸引和鼓励他们参与长城保护。二是政府与企业和社会团体合作，共同开展长城保护相关的活动和项目。这些合作可以提高企业和社会团体的社会声望和公信力，同时也可以为长城保护提供更多的资源和支持。三是引导企业践行社会责任。企业作为营利性的社会经济组织，其社会责任不仅包括遵纪守法、保证员工生产安全、保护劳动者合法权益、遵守商业道德、保护环境等，也包括支持慈善事业、支持社会公益活动等。政府可以引导企业承担社会责任，鼓励企业通过资金、技术等多种方式参与到长城国家文化公园的建设保护实施中来，并对有突出贡献的企业和社会团体进行奖励。

第六节　社会力量参与长城国家文化公园建设和保护的评估机制

随着乡村旅游业的发展和人们对文化遗产的重视，保护长城的工作变得越来越重要。长城国家文化公园作为一项惠及全社会的文化事业，除了政府及相关部门的宏观整体统筹规划，社会力量也成为不可或缺的重要力量。但是，谁来参与，参与什么，怎样参与以及参与的效果如何，需要有系统性的调研设计。因此，建立社会力量参与保护长城的评估机制，研判不同类型社会力量的参与情况、参与效果，并不断改进组织制度，以实现社会力量参与的有效性是非常必要的。评估机制建设应当包括以下几个方面。

1. 参与人群

评估机制应当明确社会力量的参与人群。这些人群可以包括长城国家文化公园内部的原住民、志愿者、爱好者、专业人士、企业等。对于不同的参与人群，应当制定不同的参与标准和评估指标。社会力量的参与是非常重要的，因为长城的保护不仅仅是政府的责任，更需要广大社会群体的积极参与。通过制定参与标准和评估指标，可以更好地管理参与人群，促进参与者的积极性和参与质量的提高。这些标准和指标应考虑到人群的特点和能力，比如对于专业人士，强调参与的科学性和准确性，可以制定相对较高的参与标准和评估指标；对于企业，除了考虑其参与的内容和形式，也需要建立其社会责任评估体系等。此外，评估机制应当充分考虑到不同地区、不同点段和不同文化特点的差异性，灵活制定相应标准，以便更好地适应实际情况。

2. 参与方式

评估机制应当明确社会力量的参与方式。这些方式可以包括资金捐助、物资捐赠、技术支持、宣传推广以及生态环境保护等。对于不同的参与方式，应当制定不同的参与标准和评估指标。不同的参与方式对于长城国家文化公园建设的贡献大小是不同的，不同的参与标准和评估指标可以更好地衡量不同社会力量的贡献率。此外，评估机制还应当考虑到参与方式的可持续性和长期性。例如，对于资金捐助，评估指标不仅应当考虑到捐助金额，还应考虑到捐助的稳定性和长期性。这样可以更好地确保长城保护和国家文化公园建设保护实施的可持续性。

3. 评估指标

评估机制应当明确社会力量参与保护长城国家文化公园的评估指标。这些指标可以包括长城保护区域的面积、长城保护设施的完好程度、志愿者的参与时间和贡献、企业的捐赠金额和物资等。对于每个指标，应当制定相应的评分标准。通过评估指标，可以更好地了解社会力量的参与贡献情况，及时发现问题并加以调适解决。为确保评估指标的科学性和客观性，评估机制应当充分考虑到不同指标之间的相关性和重要性。同时，评估指标也应当随着时代的发展而不断更新和完善，以确保评估的有效性和实用性。

4. 评估周期

评估机制应当明确社会力量参与长城国家文化公园建设保护实施的评估周期。这个周期可以是每年、每半年、每季度等。在评估之前，应当请社会力量提供或者聘请评估团队参与信息和材料的调研和收集。通过制定评估周期，在一定的时间范围内进行评估，可以更迅速和更有效地了解社会力量参与长城保护和文化传承的情况，及时发现问题并加以解决。评估周期的选择应当充分考虑到评估指标的变化和评估结果的反馈，以便更好地调整和改进评估机制。此外，评估周期也应当充分考虑到长城保护工作的周期性和长期性，以确保评估的全面性和实效性。

5. 评估标准

评估机制应当明确社会力量参与长城国家文化公园建设的评估标准。这些标准可以包括优秀、良好、一般、较差等级别。对于不同的级别，应当制定相应的奖励和惩罚措施。通过制定评估标准，可以更好地鼓励社会力量积极参与长城国家文化公园的建设保护实施工作，同时也能够更好地管理参与者，推动参与质量的提升。评估标准应当充分考虑到参与人群和参与方式的特点和差异性，以确保评估的公正性和合理性。评估标准也应当定期进行修订和完善，以确保评估的科学性和实用性。

建立这样一个评估机制体系，可以更好地发挥社会力量的作用，促进长城国家文化公园的建设保护实施。在实际的操作过程中，还需要不断地完善和改进评估机制，以适应不同时期的需要和挑战。我们相信，通过社会力量的共同努力，长城的保护和传承事业将得到更好的发展和推进。

第十章
结论和讨论

北京作为全国的文化中心，在长城国家文化公园的规划范围内集中了较多的长城精华段落，如八达岭长城（世界遗产）、慕田峪、居庸关、古北口、箭扣长城等，在全国长城中具有重要的价值定位和国际知名度。北京不仅有丰富的长城保护和开放利用经验，也率先启动了长城文化带的保护发展工作，北京有条件创建长城国家文化公园先行区，为长城国家文化公园建设保护提供样板经验。① 本研究重点为长城国家文化公园（北京段）建设中各类型社会力量的参与，是基于北京所拥有的各类资源优势以及多年长城保护和文化传承的经验，虽然在调研中也涉及其他个别省域内社会力量的参与经验，如其他不同段位的长城保护员制度、长城小站在北京之外其他省市参与保护的实践活动等，但是相比较而言，北京段长城国家文化公园的社会力量参与类型和经验相对丰富和更具有典型性。本研究通过大量的田野调查和各类资料的搜集，经过梳理、提炼和总结，将研究内容重点集中在社会力量参与长城国家文化公园建设的现状、角色和功能、参与路径以及参与机制等方面，期望本研究能够为全国范围内长城国家文化公园建设的多元社会力量参与提供经验借鉴和范例。长城国家文化公园的建设需要社会力量的协同参与，首先是基于长城国家文化公园建设的目标。《"十四五"文化和旅游发展规划》提出，推进长城、大运河、长征、黄河等国家文化公园建设，整合具有突出意义、重要影响、重大主题的文物和文化资源，生动呈现中华文化的独特创造、价值理念和鲜明特色，推介和展示一批文化地标，建设一批标志性项目。长城是中华民族重要的文化标志，是全体中国人民集体认同的国家文化记忆，其本体保护、文化传承是全社会的责任，需要社会力量的参与；长城国家文化公园的建设，不仅包括社会文化资源的发展，也包含自然生态环境的再认识，长城本身的物质空间特点，就是与自然环境的交相呼应。社会力量通过

---

① 汤羽扬，刘昭祎，蔡超. 从北京 3 部长城专项规划看大型文化遗产专项规划的重要作用 [J]. 北京建筑大学学报，2022，38（05）：1-10.

参与项目、参与决策等方式，能够更好地推动长城国家文化公园的可持续发展，确保资源的合理开发利用和生态环境的平衡。其次是长城国家文化公园建设的价值阐释、保护利用，需要社会力量的参与。长城国家文化公园的建设突出强调以长城遗产为重要载体，开展保护传承、文化教育、公共服务、旅游休闲、科学研究等各项活动的公共文化区域。长城是中国人民历经两千多年持续营造的文化遗产，是中华民族重要的精神象征。通过长城国家文化公园的建设和实施，有利于进一步坚定文化自信，传承和弘扬优秀传统文化，铸就文化新辉煌。由人民参与讲好中国长城的故事，是实现价值阐释，文化遗产保护利用的重要路径。最后是长城国家文化公园建设的社会力量参与研究特别强调不同参与主体的特点、拥有的优势资源，以及他们在长城文化保护和利用过程中承担的角色和功能。本研究基于对长城沿线乡镇、村庄及农户、游客、社会组织、各类专业和学术力量等多元主体的访谈和深度交流，系统考量长城国家文化公园建设和保护过程中不同类型社会力量的参与认同、参与条件、参与内容，参与群体的角色和作用，尤其关注长城国家文化公园建设实施过程中多元社会力量参与的协同机制问题，为长城国家文化公园的建设、保护和可持续发展提供可以借鉴的决策依据和经验。社会力量通过参与决策、保护监督、活化利用和传播，能够确保公共资源的公平分配和合理利用，促进沿途乡镇和村庄的发展，实现文化遗产的更好保护和传承，维护全社会的和谐稳定。

长城国家文化公园仍然在建设完善中，各省市社会力量参与的体系机制还有待进一步深入研究和构建，本研究只是基于已有的社会力量多年参与长城保护和近几年长城国家文化公园建设的实践基础上，借鉴国内外国家公园较为成熟的公众参与经验，分析社会力量参与实现的路径和体制机制建设。但是，由于各省区市的长城资源禀赋各异，文化公园建设的基础环境不同，拥有的社会力量资源也差异较大，在参与长城国家文化公园的建设中的能力和功能也不相同，尤其是关于如何科学衡量和界定各类社会力量有效参与长城国家文化公园建设还需要后续深入研究。不同的参与主体在长城国家文化公园建设保护实施中存在参与差异，需要基于更丰富实践经验基础上的多元分析，才能建立科学的参与模型，需要未来更多地研究探索。本研究认为，衡量和界定社会力量有效参与长城国家文化公园建设的科学方法可以从以下几个方面继续深入思考和研究。

1. 参与度和参与质量

衡量社会力量参与长城国家文化公园建设的首要指标是社会力量的参与度和参与质量。参与度可以通过统计参与者的数量、频率、时长和范围等指标来衡量。而参与质量则可以通过参与者的参与意愿、决策能力、参与的内容和贡献程度等指标来衡量。有效的参与应该是广泛、深入的，并能真正推动长城国家文化公园建设项目的实施和发展。

2. 可持续性和长期影响

社会力量参与长城国家文化公园建设的有效性还可以通过其可持续性和长期影响来衡量。有效的参与应该能够在项目的整个生命周期内持续发挥作用，包括建设初期的规划设计阶段、建设实施阶段的多元参与以及后期的保护运营阶段等，并能够对长城国家文化公园的发展和周边社区的发展产生长期的积极影响，包括公园的良性运行和社区发展的满意度等，这些可以通过参与者的长期参与意愿、参与项目的长期规划和策略等来评估。

3. 民主参与和公众满意度

社会力量参与长城国家文化公园建设的有效性还需要考虑民主参与和公众满意度。有效的参与应该能够充分尊重公众的意见和利益，不仅采取透明、开放、平等的决策过程，还需要有简单易行的参与渠道，基于公众参与的权利，才能够获得公众的认可和支持。这可以通过民意调查、公众参与建设和评估、社会媒体舆情监督等方式来实现。

4. 创新性和多元性

社会力量参与长城国家文化公园建设的有效性还可以通过其创新性和多元性来衡量。有效的参与应该能够引入新的思考和创新的方法，推动项目的发展和改进。同时，参与者的多元性也是有效参与的重要指标，包括社会群体的多样性、意见的多样性等。

总之，科学界定和衡量社会力量有效参与长城国家文化公园建设需要考虑参与度和参与质量、可持续性和长期影响、民主参与和公众满意度，以及创新性和多元性等方面的指标。这些指标可以通过统计数据、调查问卷、评估报告等方式进行量化和评估。期待未来做出进一步深入研究。